Rakhshinda K. Khan
Nasira Khatoon
Rizwana A. Ghaffar

Crescimento Tumoral com Referência a Trematódeos Digenéticos em Peixes

Rakhshinda K. Khan
Nasira Khatoon
Rizwana A. Ghaffar

Crescimento Tumoral com Referência a Trematódeos Digenéticos em Peixes

Estudos sobre o crescimento tumoral com referência a Trematódeos Digenéticos em alguns peixes comestíveis da costa de Karachi

ScienciaScripts

Imprint

Cover image: www.ingimage.com

This book is a translation from the original published under ISBN 978-3-659-86419-3.

Publisher:
Sciencia Scripts
is a trademark of
Dodo Books Indian Ocean Ltd. and OmniScriptum S.R.L publishing group

120 High Road, East Finchley, London, N2 9ED, United Kingdom
Str. Armeneasca 28/1, office 1, Chisinau MD-2012, Republic of Moldova, Europe
Managing Directors: Ieva Konstantinova, Victoria Ursu
info@omniscriptum.com

Printed at: see last page
ISBN: 978-620-8-52602-3

ÍNDICE DE CONTEÚDOS

CAPÍTULO 1 INTRODUÇÃO

O aumento constante da população mundial influencia cada vez mais todos os aspectos da nossa vida. A procura crescente de alimentos pode ser satisfeita com a ajuda dos recursos marinhos. Os peixes são o grupo mais comum e vasto da principal classe de vertebrados. São constituídos pelo mundo aquático, que inclui diferentes padrões morfológicos, fisiológicos e comportamentais. A sua diversidade reflecte-se no grande número de espécies vivas.

O peixe é uma fonte importante de proteínas de alta qualidade e de produtos orgânicos. Têm um estatuto valioso na indústria social e económica do Sul da Ásia, fornecendo à população alimentos nutritivos e proporcionando dinheiro, emprego e facilidades comerciais ao país (Moyle *et al.,* 2000).

Em Sindh, Karachi é uma importante fonte de pesca e é o principal porto de pesca do Paquistão. A linha costeira de Carachi tem 135 km. O porto de peixe de Carachi contribui com cerca de 90 por cento do peixe e dos alimentos marinhos do Paquistão. Existem dois tipos de pesca marítima: a) pesca de subsistência e b) pesca comercial. Existem dois locais importantes para a pesca comercial: Karachi, ao longo da costa de Sindh, Balochistan e Gwadar.

As águas marinhas e doces do Paquistão são constituídas por cerca de mil espécies de peixes. Na sua maioria comestíveis, não só a carne dos peixes como também os ovos e a bexiga de ar são também a melhor opção para o ser humano (Farooq e Sadiq, 1992).

Zoonoticamente os peixes são valiosos e por isso transferem várias doenças para os seres humanos através dos parasitas dos peixes. Há vários peixes que sobrevivem com peixes que sofrem de parasitas nos seus corpos que, quando consumidos, transferem parasitas para os seres humanos. As doenças mais importantes transmitidas pelos peixes aos seres humanos são as anisakiasis. Várias espécies de parasitas de peixes foram identificadas como nocivas (Bilqees *et al.*, 2003).

Em volume, 97% de toda a água está nos oceanos e 0,0093% em lagos e riachos de água doce (Horn, 1972), 58% das espécies modernas de peixes são marinhas, enquanto 41% são habitantes de água doce e 1% move-se regularmente entre os dois ambientes (Cohen, 1970).

A. IMPORTÂNCIA ECONÓMICA DOS PEIXES:

Tanto na água do mar como na água doce, os peixes são o pico mais alto da pirâmide de presas predadoras. É por isso que são capazes de invadir uma variedade de parasitas que se encontram em grande quantidade.

Os peixes pertencem ao principal grupo de vertebrados que proporciona efeitos benéficos aos seres humanos. São os mais numerosos e diversamente distribuídos em todo o mundo (Ravindranathan, 2003). Cerca de mil espécies de peixes estão presentes nas águas marinhas e doces do Paquistão, nas quais a maioria dos peixes é comestível (Ahmed e Niazi, 1988).

Na pesca comercial, as redes de emalhar e os barcos mecanizados tornaram possível pescar a 50 km da costa em águas mais profundas. Os barcos à vela tradicionais só podem deslocar-se a 3-5 km da costa. O Paquistão tem um mercado nacional e internacional para peixe, camarão e produtos da pesca.

A produção de peixe é uma importante fonte de rendimento e emprego e desempenha um papel importante na economia do Paquistão, embora a contribuição para o PIB seja apenas de cerca de 0,57% (Akhtar, 1986). No Paquistão, a produção per capita de proteína animal é escassa (8,0 kg/pessoa/ano). O papel do peixe é apenas uma fração (1,8/pessoa/ano), enquanto a produção média de proteínas nos países estabelecidos é de 110 kg/pessoa/ano. Embora a captura de peixe produza proteínas de boa qualidade para complementar as proteínas que obtemos dos animais de criação.

SUBPRODUTO DE PEIXE

Em todo o mundo, o peixe e os seus produtos são consumidos como alimento. Para além de numerosos outros produtos do mar, o peixe constitui a principal fonte mundial de proteínas de alta qualidade: cerca de 14-16% das proteínas animais utilizadas em todo o mundo. Mais de mil milhões de pessoas dependem do peixe como principal recurso de proteína animal. Alguns dos subprodutos são discutidos aqui:

Cola de peixe: A bexiga natatória, as espinhas e a pele dos peixes são fervidas para fazer cola de peixe. A cola de peixe é um artigo valioso há muito tempo para todos os tipos de bens, desde a escrita manual iluminada até ao arco de guerra mongol.

Óleo de peixe: consiste em ácidos gordos ómega 3, ácido osapentaeicnóico (EPA) e ácido docosahexaenóico (DHA), precursores dos eicosanóides, essenciais para uma dieta saudável que diminui o risco de inflamação em todo o corpo.

Emulsão de peixe: é feita a partir dos restos fluidos do peixe e posteriormente sintetizada para óleo de peixe e farinha de peixe.

Hidrolisado de peixe: visualização de carcaças de peixe. Após a separação das partes utilizáveis para uso humano, os restos de carcaças de peixe, ossos, cartilagens, escamas, carne, etc. são colocados em água e triturados.

A farinha de peixe é: preparada a partir de um peixe inteiro, bem como as espinhas e as vísceras do peixe transformado. É um pó castanho obtido por prensagem do peixe inteiro para eliminar o óleo de peixe. É utilizada como complemento proteico na aquacultura.

Molhos de peixe: um condimento derivado de peixe que foi deixado a fermentar. É um elemento necessário em muitos caris e molhos.

Isinglassis: material obtido a partir das bexigas natatórias dos peixes (especialmente do esturjão), utilizado para clarificar o vinho e a cerveja.

Tatami iwashi: é um produto alimentar japonês transformado para consumo, preparado a partir de babysardines estendidas e secas, mesmo quando emaranhadas numa única camada, de modo a formar uma folha de tamanho grande semelhante a um tapete.

Os subprodutos da pesca são importantes para as empresas farmacêuticas e desenvolvidas, uma vez que são matérias-primas mais baratas e melhores e podem ser facilmente obtidas.

B. IMPORTÂNCIA ECONÓMICA DOS PARASITAS DOS PEIXES:

A maior parte das espécies de peixes de água doce e de água salgada estão infectadas com parasitas. Estes encontram-se em maior número nos peixes selvagens do que nos peixes cultivados. A maioria destes parasitas não é perigosa para o ser humano, mas alguns produtos de peixe são inadequados para consumo humano, quer devido à deterioração da qualidade, quer devido ao facto de os seres humanos poderem ser um hospedeiro aberrante ou último dos parasitas.

O uso de peixe cru, mal cozinhado, salgado ou fumado, familiar em muitos países, tem potencial zoonótico e causa várias doenças graves no ser humano (Histein *et al.,* 2006).

Os helmintos são um grupo importante de parasitas animais. São tipicamente parasitas de vertebrados, embora os invertebrados, especialmente os artrópodes e os moluscos, actuem como hospedeiros intermediários (Smith, 1996). Podem invadir todos os sistemas de órgãos do hospedeiro. Estes vermes estão amplamente disseminados em quase todos os animais em todas as partes do mundo, embora a intensidade da infeção possa diferir de tempos a tempos ou de lugar para lugar e produzam uma grande variedade de efeitos diretos, pelo que desempenham um papel vital na deterioração do bem-estar do homem e dos animais. Os parasitas têm efeitos prejudiciais sobre os peixes de muitas maneiras (Srivastava, 1975).

Cross (1933) mostrou que as infecções parasitárias tendem a diminuir a taxa de crescimento, resultando no atrofiamento do peixe. Os parasitas causam danos a vários órgãos dos seus hospedeiros, afectando o rendimento dos produtos de peixe, tais como óleos de fígado, etc.

Os parasitas dos peixes encontram-se nas classes Trematoda, Acanthocephala,

Cestoda e Nematoda. Os parasitas externos importantes encontram-se na classe Monogenea e na subclasse Digenea.

Trematódeos monogénicos:

Os trematódeos monogéneos, também conhecidos como vermes chatos ou vermes, infestam mais frequentemente as brânquias, a pele e as barbatanas dos peixes. Os trematódeos monogénicos têm um ciclo de vida expressivo (sem hospedeiro intermediário) e são específicos do hospedeiro e do local. De facto, alguns adultos também se fixam eternamente na sua própria localização no hospedeiro.

Trematódeos digenéticos:

Os trematódes digenéticos possuem um ciclo de vida complicado com uma sequência de hospedeiros. O peixe pode ser o hospedeiro principal ou intermédio, o que depende da espécie de digeneano. Estão presentes no exterior ou no interior de qualquer órgão. Na maioria dos indigenas trematodes a patogenicidade para o hospedeiro é restrita. A fase de vida normalmente observada nos peixes é a metacercária, que se encistam nos tecidos dos peixes. Mais uma vez, a metacercária que pode estar presente no peixe dificilmente cria problemas sérios. As metacercárias digenéticas dos peixes que normalmente infectam o homem são membros das famílias Opisthorchidae e Heterophyideae. Os Opisthorchids incluem *Opisthorchis tenuicolis* e *O. sinensis*, cujos adultos se encontram nos canais biliares de mamíferos que se alimentam de peixe, incluindo o homem (Komiya, 1966).

Os parasitas mais comuns dos peixes, que requerem um microscópio para serem determinados, são os vermes. Trata-se de pequenos vermes achatados que não podem ser vistos sem um microscópio. São facilmente visíveis a baixa potência, cerca de 40X. Quando observados ao microscópio, devem estar vivos, móveis e a nadar na lâmina. Os vermes raramente matam os peixes, mas são identificados como um importante contribuinte para a doença da úlcera dos peixes e devem ser suspeitados sempre que houver um surto de úlcera. Os vermes estão presentes na pele dos peixes, bem como à volta e sobre as suas guelras.

C. IMPLICAÇÕES DOS PARASITAS DOS PEIXES PARA A SAÚDE HUMANA:

O risco de doenças causadas por parasitas transmitidos por peixes representa um possível perigo para a saúde dos consumidores humanos.

D. DOENÇAS E PARASITAS DOS PEIXES:

A ciência que trata das doenças dos peixes é chamada ETIOLOGIA. A causa das doenças dos peixes raramente é considerada como um único fator, mas os parasitas, as bactérias ou os vírus são considerados como a fonte principal.

A classificação das doenças dos peixes inclui dois grandes grupos.

i. Doenças patogénicas dos peixes:

Os peixes são patogénicos devido a parasitas

ii. Doenças não patogénicas dos peixes:

Entre estas, podem distinguir-se as que são causadas por hereditariedade, ambiente, alimentação ou que são de origem traumática mecânica.

E. HELMINTAS PARASITAS DE PEIXES E SUAS INFECÇÕES:

Os peixes são hospedeiros de representantes de três grandes grupos de helmintes, os Platyhelminthes (vermes chatos), os Nematoda (vermes redondos) e os Acanthocephala (vermes com cabeça espinhosa). O presente estudo trata de trematódeos de peixes da costa de Carachi.

TREMATODA: Os trematodes são um dos parasitas comuns dos peixes da costa de Karachi. Milhares de espécies de trematódeos foram descritas em várias partes do mundo. Os trematodes pertencem ao filo Platyhelminthes. Estes vermes são vermes planos não segmentados, semelhantes a folhas. A sua forma e tamanho variam de mm a vários centímetros de comprimento. As estruturas externas mais caraterísticas são duas ventosas, uma oral através da qual se abre o trato digestivo e a outra ventral (acetábulo) para fixação. Cada verme é hermafrodita (monoico), exceto os esquistossomas que são unissexuais. O corpo está coberto de tegumento, que muitas vezes tem espinhos. A cavidade corporal está ausente. O canal alimentar está presente mas é incompleto.

O sistema reprodutor é altamente desenvolvido, com exceção dos esquistossomas, os órgãos reprodutores são hermafroditas. Os órgãos genitais situam-se entre os dois ramos do intestino. Os trematódeos são ovíparos e põem ovos que, com exceção dos esquistossomas, são operculados.

O quadro clínico das infecções por tremátodes depende do tamanho e do número de vermes presentes no hospedeiro e dos órgãos ou tecidos parasitados. As lesões patogénicas produzidas podem ser locais ou sistémicas, geralmente ambas. As primeiras consistem em ulceração, descamação do tecido e formação de abcessos. As manifestações sistémicas são geralmente devidas à absorção de subprodutos antigénicos dos vermes que provocam frequentemente uma leucocitose generalizada, hipereosinofilia e manifestações alérgicas.

Pode facilmente estimar-se que o número de espécies de tremátodes é superior ao de todas as espécies animais em todo o reino animal, incluindo espécies de todos os filos de vertebrados e invertebrados. Porque todas as espécies animais, tanto vertebrados como invertebrados, estão infectadas com uma ou mais espécies de tremátodes. Estes podem infetar todo e qualquer órgão dos animais e do homem. Os órgãos envolvidos são principalmente o intestino, o estômago, o fígado, o coração, os pulmões, o sangue, os olhos, o cérebro, as gónadas e os rins e os tecidos subcutâneos. Nos peixes, os tremátodes adultos encontram-se maioritariamente no intestino e no estômago. Alguns encontram-se no fígado, nos canais biliares e noutros órgãos.

Também são conhecidas algumas infecções zoonóticas em que os trematódeos animais infectam o homem e causam doenças. Portanto, a importância dos trematódeos de peixe não pode ser ignorada, especialmente porque o peixe é um bem alimentar valioso. Só um peixe saudável pode fornecer uma boa qualidade de carne, proteínas e vitaminas. É igualmente bom para pessoas saudáveis e doentes.

A mortalidade dos peixes devido a infecções, especialmente nos jovens, é uma grande perda económica. A investigação sobre os parasitas dos peixes, especialmente em países como o Paquistão, é essencial para um melhor conhecimento das doenças parasitárias, mas muito pouca atenção está a ser dada a este assunto no nosso país.

F. PATOLOGIA DOS PEIXES:

As condições de doença comummente encontradas que são facilmente determinadas em mamíferos, por exemplo, inchaço, reparação de lesão, perda de sangue, necrose, envenenamento do sangue, condição de enfraquecimento, metaplasia, hiperplasia e neoplasia (patologicamente a neoplasia é chamada de tumor) também são observadas em peixes.

Este tipo de doenças ocorre maioritariamente através de bactérias ou vírus. As anomalias presentes nos intestinos ou no fígado são raramente observadas em peixes tolerantes, tais como os Patinhos Brancos e os Cabeças de Touro, e ocorrem devido a parasitas. A preocupação com as possíveis influências especiais dessas doenças, particularmente nos peixes, e o papel potencial da contaminação ao produzir tumores em alguns peixes comuns, tem provocado a investigação atual sobre estas anomalias. Os crescimentos em peixes de caça devidos a vírus consistem em linfocistose, sarcoma dérmico e linfossarcoma.

G. CRESCIMENTO NEOPLÁSICO EM PEIXES:

A palavra tumor tem sido frequentemente utilizada de uma forma geral para designar qualquer protuberância ou inchaço. No entanto, Robert (1978) deu uma definição algo modificada, definindo o tumor como um novo crescimento aberrante de neoplasia em que a produção de células é excessiva e frequentemente descoordenada e que tende a persistir.

No dicionário médico recente, de acordo com a definição de tumor, os termos cancro e neoplasia são utilizados de forma alternativa. Normalmente, a palavra cancro é definida como uma doença maligna e curada por tratamento médico, com a capacidade de se infiltrar e distribuir por todo o corpo (metástase), acabando por matar o hospedeiro. As definições de neoplasia (o processo da doença) e neoplasma (um tumor) contêm tanto as formas malignas como as não malignas (benignas) da doença. Apesar de várias outras definições de neoplasia terem sido estudadas, nenhuma é absolutamente aceitável. O termo neoplasia é definido pelo seu "crescimento comparativamente anormal de células, que se propagam, comprimem e penetram nos tecidos saudáveis, danificando assim os órgãos e as células e afectando a função fisiológica, resultando, em última análise, na morte do animal". Nos peixes, tal como nos mamíferos, a neoplasia é reconhecida como uma série particular de potenciais de crescimento, desde aqueles que parecem ser de crescimento muito lento e restrito, a uma parte particular e aqueles que se infiltram claramente nos tecidos do hospedeiro e são eventualmente reconhecidos como cancerosos (Black, 1984). Há factos epidemiológicos, promovidos por programas de formação laboratorial, segundo os quais algumas das neoplasias encontradas nos peixes dos Grandes Lagos são causadas por substâncias químicas presentes no meio envolvente que actuam apenas ou na ocorrência de apoiantes do tumor (Hayes *et al.,* 1990; Metcalfe *et al.,* 1988; Baumann *et al.,* 1990). No entanto, nem todos os cancros dos peixes se devem a produtos químicos. Os vírus são também uma razão conhecida e importante para a produção de muitas das neoplasias benignas e malignas presentes nos peixes dos Grandes Lagos (Smith *et al.,* 1989).

Não existem antecedentes históricos que definam as taxas de tumores nos peixes dos Grandes Lagos. Em relação a este assunto, nos anos 60, a ciência e o público começaram lentamente e, em 1986, seis agências ambientais e três universidades realizaram uma análise planeada dos tumores na bacia dos Grandes Lagos. Alguns destes produtos químicos, que actuam isoladamente ou em sinergia com outros produtos químicos, são designados por carcinogéneos para os mamíferos. A ocorrência de carcinogéneos, juntamente com o tumor de peixes em dados de orientação (Metcalfe *et al.,* 1988; Black, 1983) e a informação sobre tumores em populações de peixes selvagens (Baumann *et al.,* 1991; Smith *et al.,* 1989), dão fortes detalhes provisórios de que a carcinogénese química estava a ocorrer em alguns locais dos Grandes Lagos.

Como resultado de várias infecções, a saúde geral e o crescimento dos peixes são afectados e alguns destes parasitas causam doenças semelhantes nos seres humanos (Witenberg, 1932; Petrushevski e Kopgteva, 1954; Sprent, 1969; Margolis, 1970; Mayers *et al.,* 1970; Kates *et al.,* 1973; Willams e Jones, 1976, 1977; Robert, 1978; Ruitenberg *et al.,* 1979; Kinne, 1980; Bilqees e Fatima, 1995; Bilqees *et al.,* 1999).

Para além de algumas análises organizadas sobre o cancro nos peixes. A maior parte das epizootias de cancro em peixes tem origem facultativa ou em investigadores pessoais que observaram e identificaram populações de peixes influenciadas por uma variedade de cancros. De acordo com esses factos condicionais, como resultado da exposição a poluentes antropogénicos, foram determinadas várias destas situações. Por exemplo, no rio Black, Ohio (Baumann *et al.,* 1982), e no rio Buffalo, Nova Iorque (Black, 1983), os cancros do fígado e da pele em cabeças de touro castanho são encontrados em proporção crescente e estão relacionados com concentrações elevadas de hidrocarbonetos aromáticos polinucleares e alguns metais nos resíduos. Em ambos os casos, estas epizootias foram apresentadas por académicos interessados.

i. Agente causador e doença:

Os tumores são crescimentos tecidulares de células anómalas que proliferam de forma descontrolada. Nos peixes ósseos, as neoplasias dos tecidos conjuntivos, como o fibroma e o fibrossarcoma, são as mais comuns. Os peixes desenvolvem neoplasia ou cancro da mesma forma que os animais superiores. Os factores identificados e supostamente envolvidos na neoplasia em peixes incluem vírus, produtos químicos ambientais (carcinogéneos), traumas físicos repetidos , hormonas, idade, sexo, predisposição genética e poluição química imunológica ou infecções virais graves. A tendência para os tumores pode ser herdada dos pais do peixe. De acordo com Robert (1978), os factores reconhecidos e suspeitos de estarem envolvidos na formação de tumores nos peixes são os vírus, as toxinas químicas ou biológicas e os agentes físicos.

ii. Espécie hospedeira:

A maior parte dos peixes teleósteos, em qualquer divisão do globo terrestre, pode potencialmente desenvolver neoplasia. Por factores não identificados, o cancro tem sido pouco frequente nos peixes cartilagíneos, como os tubarões e as raias.

iii. Sintomas:

A maior parte dos peixes com crescimento tumoral tem o corpo inchado ou um caroço na pele. Um crescimento anormal ou inchaço pode ocorrer em qualquer parte do corpo. Se ocorrerem em órgãos internos, tendem a causar um inchaço compacto e óbvio em relação à forma normal do corpo. Os tumores restringem-se, geralmente, a uma parte do peixe, mas continuam a crescer ao longo do tempo e provocam o enfraquecimento do peixe até à morte.

vi. Transmissão:

Normalmente, os crescimentos neoplásicos são espontâneos num indivíduo devido a uma deformidade congénita, à idade ou a uma predisposição genética, mas também podem ser causados por condições ambientais, à exceção da neoplasia causada por vírus infecciosos.

v. Diagnóstico/Classificação:

O diagnóstico definitivo é efectuado através da observação das células anómalas por métodos histopatológicos. As neoplasias são classificadas de acordo com a origem do tecido ou da célula e são ainda agrupadas com base em caraterísticas benignas ou malignas.

Os tumores benignos são frequentemente bem diferenciados, têm um crescimento lento, estão bem circunscritos, não invadem os tecidos normais circundantes e não constituem, em geral, uma ameaça para a vida, terminando frequentemente com o sufixo "oma". As excepções são as neoplasias benignas do cérebro e de alguns órgãos endócrinos que podem constituir um risco de vida devido à sua localização e aos seus efeitos fisiológicos deletérios para o hospedeiro. Os tumores malignos não são frequentemente bem diferenciados, podem crescer rapidamente, infiltrar-se nos tecidos normais e tendem a metastizar. Os nomes destas neoplasias são frequentemente precedidos da palavra "maligno" ou dos sufixos "sarcoma" ou "carcinoma". Os tipos de cancro nos peixes incluem os seguintes:

TIPO DE TECIDO	TUMORES BENIGNOS	TUMORES MALIGNANTE
Epitelial	papiloma adenoma	carcinoma epitelial adenocarcinoma
Mesenquimatoso	fibroma - tecido conjuntivo	fibrossarcoma
	leiomioma - músculo liso	leiomiossarcoma
	rabdomioma - músculo estriado	rabdomiossarcoma
	lipoma - gordura	lipossarcoma
	condroma-cartilagem osteoma-osso	condrossarcoma osteossarcoma
Hematopoiético	linfoma	linfossarcoma
Vasos sanguíneos	hemangioma	hemangiossarcoma
Célula neural-nervosa	schwannona	glioma, astrocitoma
Tmelanoma pigmentar	eritroforoma	maligno
Embrionário	nefroblastoma	

vi. Prognóstico para o hospedeiro:

O prognóstico para os peixes com neoplasias depende do tipo de tumor, quer se trate de uma ferida benigna ou maligna.

Os tumores de Bengin não constituem, normalmente, um risco de vida.

Os tumores malignos podem causar mortalidade se o seu crescimento for rápido e interferir com as funções normais dos órgãos.

vii. Significado para a saúde humana:

Embora esteticamente perturbadora, não existem preocupações diretas para a saúde humana associadas à neoplasia nos peixes. A neoplasia é geralmente um acontecimento raro que afecta um peixe em vários milhares. Se os tumores ocorrerem com maior frequência numa população de peixes. Uma preocupação indireta para a saúde humana seria saber se a causa está ligada à contaminação ambiental.

Muitos estudiosos recomendam que 2 libras de peixe por semana numa dieta saudável é muito útil na prevenção de doenças cardíacas.

Os médicos sugerem a ingestão de 3 a 4 onças de peixe numa refeição. A estratégia de refeição baseia-se numa porção de 8 onças (peso antes de ser cozinhado) para uma pessoa de 150 libras. A refeição por semana ou por mês, que é recomendada no aviso de saúde, pode ser consumida como duas ou três refeições curtas durante o mesmo período de tempo.

H. POLUIÇÃO DA ÁGUA NA COSTA DE KARACHI:

A orla marítima de Karachi, que se estende por 135 km, está altamente contaminada devido a uma combinação de comportamentos industriais, portuários, urbanos e de navegação nessa região. A orla marítima está a ser sobrecarregada com resíduos tóxicos transportados pela água e libertados no ambiente marinho durante o processo de transporte (Beg e Ali, 1995).

Uma investigação atual relatou que parte da vida marinha estava poluída com chumbo, o qual, se consumido por seres humanos através de marisco, está relacionado com anemia, insuficiência renal e danos cerebrais (Pollution of Coastal Area Waters Deplored, 1992). Atualmente, a investigação também refere que as florestas de mangais que defendem a corrente de alimentação da corrosão do mar e que, ao mesmo tempo, são uma fonte de alimentação para os pescadores, estão em perigo devido a essa contaminação.

O Paquistão é altamente dependente destas florestas de mangais para manter a estabilidade ambiental. Por exemplo, os resíduos das folhas dos mangais são os principais fornecedores de nutrientes. Os mangais proporcionam um ambiente diferente para habitantes compostos e mutuamente dependentes de invertebrados, peixes, aves e répteis; e a produção principal destas regiões deltaicas cobertas de mangais é quatro a sete vezes superior à das zonas costeiras sem mangais (Plano Nacional de Ação Ambiental do Paquistão, 1991).

A contaminação máxima ocorre no porto de Karachi, devido ao elevado número de navios que bombeiam ilegalmente os porões e que se recusam a entrar no terminal petrolífero do porto. As águas residuais e o lixo dos navios que os visitam não são controlados e os infractores são frequentemente multados pelas autoridades portuárias, que não têm sido uma prevenção valiosa. Além disso, as autoridades portuárias estão mal equipadas e pouco qualificadas para se familiarizarem com outros comportamentos de devolução de resíduos tóxicos enterrados, tais como a remoção de resíduos tóxicos no mar ou o facto de o contentor marcado ter sido deixado em terra por engano. O Banco Mundial distinguiu, numa aprendizagem ecológica, que "os esgotos e o material contaminado (poluição no porto de Karachi) contêm:

(i) resíduos tóxicos, quer direta quer indiretamente, através da bioacumulação de óleos, DDT, PCB e uma variedade de outros metais;

(ii) para evitar a reação dos peixes e camarões devido à má qualidade da água;

(iii) deformação dos organismos e diminuição da sua reprodução devido à qualidade desfavorável da água e ao facto de a divisão da região do lodaçal estar a ser fechada com petróleo; e

(iv) A corrosão aumentou porque os mangais moribundos já não podem reforçar a albufeira com as suas raízes" (Relatório das Nações Unidas "Calls Nation", 1992).

O porto está também a perturbar os arredores com a sua elevada distribuição de petróleo. Devido à crescente dependência do país das importações de petróleo, o petróleo é uma das cargas mais importantes importadas pelo porto. No entanto, estima-se que 90 000 toneladas por ano de descargas de petróleo são projectadas dentro dos limites do porto e que não existe capacidade de tratamento de resíduos oleosos de navios dentro do porto (Banco Mundial, 1991). Além disso, um problema ecológico geral relacionado com a indústria naval, a dragagem, está a ter uma influência muito importante.

A costa de Karachi estende-se ao longo da costa paquistanesa por 135 quilómetros. No entanto, os resíduos tóxicos não podem ser confinados apenas a esta costa e é possível que se espalhem para os países mais próximos, o Irão e a Índia, bem como para águas mais longínquas. Dependendo do fluxo das marés e da distância a que os resíduos são lançados ao mar, a contaminação entrará em contacto com as costas de outros países. Uma das regiões mais importantes do Paquistão ocupa-se da tentativa de gerir a contaminação que flui para jusante, um dilema que gera problemas para todas as comunidades rurais que se seguem ao longo do rio. A mesma teoria aplica-se à evolução habitual da catástrofe da poluição do porto de Karachi, tanto na Índia como no Irão, que enfrentam problemas semelhantes com os resíduos tóxicos.

I. EFEITO DA POLUIÇÃO DA ÁGUA NOS PEIXES:

Os peixes apresentam caraterísticas externas e internas diferentes das dos mamíferos, embora possuam sistemas semelhantes aos de outros animais. Todos os peixes são poiquilotérmicos e devem ser capazes de se adaptar às flutuações da temperatura da água. Os peixes vivem em diferentes graus de temperatura, desde menos de 0°C até às fontes geotérmicas quentes. No entanto, cada espécie de peixe deve viver num determinado intervalo de temperatura. As mudanças bruscas de temperatura podem ser perigosas para a saúde dos peixes.

Os peixes não possuem uma camada de queratina sobre a epiderme. Os peixes são cobertos por uma cutícula que é composta por muco, mucopolissacarídeos, imunoglobina e ácidos gordos livres.

J. REDUZIR OS RISCOS PARA A SAÚDE:

a. Ser seletivo:

Ter cuidado com o tipo e o tamanho do peixe que se come. Os peixes provenientes de diferentes águas contaminadas não são aconselhados para consumo humano.

b. Guardem os peixes pequenos:

Não usar o peixe maior e usar o peixe de tamanho pequeno porque o peixe pequeno contém melhor sabor, é bom para a saúde e possui uma quantidade reduzida de peixe não higiénico do que o peixe mais velho e grande. Vários peixes famosos como o robalo, a truta, o salmão e o gato devem exceder um tamanho mínimo exato para serem mantidos.

c. Limpar/cozinhar corretamente o peixe:

Uma quantidade considerável de gordura está presente junto à pele do peixe e, por isso, deve ser preparado um filete sem espinhas e sem pele para cozinhar. É preferível grelhar o peixe para diminuir os níveis de PCBs e dioxinas.

Não deixe de comer peixe, pode aumentar as vantagens e diminuir as hipóteses de comer peixe poluído, seguindo as dicas que nos orientam para criar uma opção informada sobre o assunto.

> Que tipo de peixe consumimos.

> Onde os peixes pertencem.

> Como moderamos a quantidade e a ocorrência de peixes que comemos.

> No peixe Os ácidos gordos ómega 3 estão presentes sobretudo nos peixes gordos, como o salmão, a sardinha e o arenque. Estes ácidos gordos ómega 3 podem ajudar a reduzir as probabilidades de pressão arterial, bem como a diminuir as probabilidades de doenças cardiovasculares.

> É essencial consumir peixe para as mulheres grávidas, mães que amamentam os seus filhos e mulheres em idade fértil, porque fornece **DHA**, um ácido gordo ómega 3 específico que é útil para o desenvolvimento do cérebro dos bebés.

CAPÍTULO 2 METODOLOGIA DE INVESTIGAÇÃO

MATERIAIS E MÉTODOS:

A. UMA COLECÇÃO DE PEIXES HOSPEDEIROS:

Os peixes foram recolhidos em diferentes locais, como as pescarias, West Wharf, Empress Market e outros mercados locais (Fig. 2.1a, b). Com base nos dados de prevalência conhecidos, a seleção do espécime de critério consistiu em selecionar e observar um peixe mais velho para a identificação de neoplasias. Uma vez terminada a seleção dos peixes, todos eles foram levados para o Laboratório de Parasitologia do Departamento de Zoologia da Universidade de Carachi.

B. TRATAMENTO PRELIMINAR DOS PEIXES:

As superfícies externas do corpo foram observadas tanto macroscopicamente como microscopicamente.

C. EXAME DOS PEIXES PARA RECOLHA DE PARASITAS:

I. EXAME EXTERNO:

Após o exame das caraterísticas externas dos peixes, a observação externa foi completada. Em primeiro lugar, observou-se a cor do peixe e da pele com uma lupa, observou-se a ocorrência de frieza da pele (cinzenta e branca), vermelhidão, barbatanas gastas, escamas elevadas, manchas brancas ou parasitas, todos estes sintomas são facilmente examinados por observação grosseira. O reflexo ocular foi examinado porque a ausência deste reflexo é um sintoma patológico. O procedimento para examinar o reflexo ocular consiste em segurar o peixe na mão numa posição normal e depois virá-lo para a direita. Após o exame do reflexo ocular, observou-se se havia alguma inflamação no ânus e também a textura muscular e a presença de úlcera, fazendo um corte na região dorsal. (Fig. 2.1c, d, e).

II.EXAME INTERNO:

O material das brânquias foi obtido por raspagem, colocado numa placa de Petri ou num copo com água e depois misturado com uma agulha. Em seguida, observou-se a pequena quantidade de água sob o binóculo para procurar parasitas noutra placa de Petri e, se os tremátodes recuperassem, eram examinados ao microscópio para um estudo pormenorizado.

Os peixes dissecados foram examinados por observação macroscópica ou com a ajuda de uma lupa, prestando especial atenção à cor e consistência do órgão, ou seja guelras pálidas, coloração amarelada do fígado, obstrução e vermelhidão do fígado, inchaço do baço e esplenomegalia, coloração aquosa do rim, transparência e vermelhidão inflamatória do intestino, endurecimento da bílis e da vesícula biliar, tecido adiposo entre o intestino, o fígado e os órgãos genitais, líquido na cavidade peritoneal, nódulo branco nas guelras, no fígado, no baço e no rim. Através destas observações, obtivemos informações úteis para qualquer exame posterior.

Da boca ao ânus podemos encontrar parasitas, porque o canal intestinal, sendo a parte óbvia de entrada para muitos tipos de infestação, foi examinado quanto à presença de parasitas e sinais de doença. Foi feito um corte através do esófago imediatamente atrás da cavidade oral e o intestino foi puxado para fora e endireitado, destacando-o gradualmente com uma tesoura ao longo de todo o comprimento até ao ânus, onde foi novamente cortado. Após a dissecação, o intestino foi observado minuciosamente por meio de binóculos e microscópio. O rim, o baço, o coração, os ovários, os testículos e a bexiga natatória foram examinados separadamente (Fig. 2.1f-j).

III.ISOLAMENTO DE PARASITAS HELMINTAS:

Os parasitas helmínticos foram detectados tanto macroscopicamente como microscopicamente em diferentes grupos. Estes eram trematodes, cestodes, nematodes e acantocéfalos. Os parasitas pertencentes aos principais grupos, os tremátodes, foram separados e contados.

Fig. 2.1a. Peixe saudável *Johnius dussumieri.*

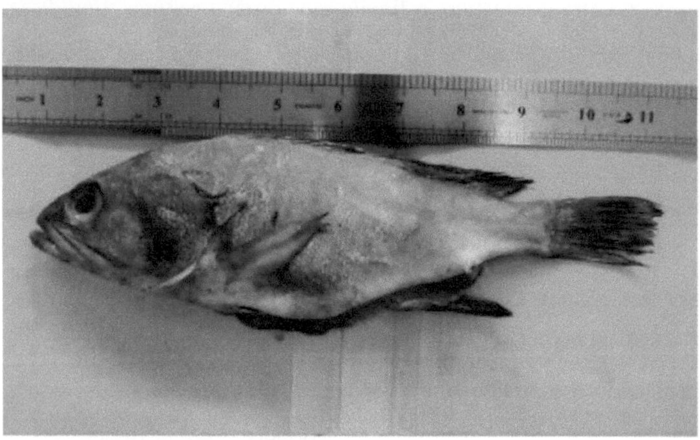

Fig. 2.1b. Peixe *Johnius dussumieri* com tumores/crescimento neoplásico.

Fig. 2.1c. Peixe *J. dussumieri* com inflamação, olhos encovados, mandíbula inflamada e áreas circundantes.

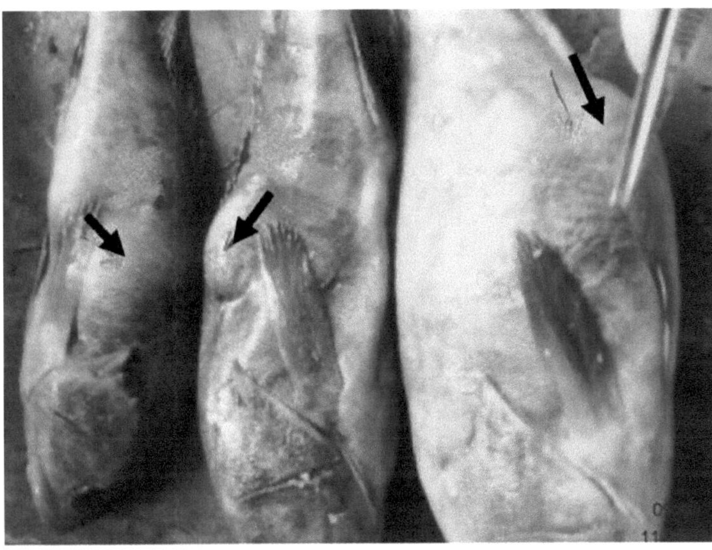

Fig. 2.1d. Mostrando três espécimes do peixe *J. dussumieri* com proeminentes crescimentos tumorais (seta).

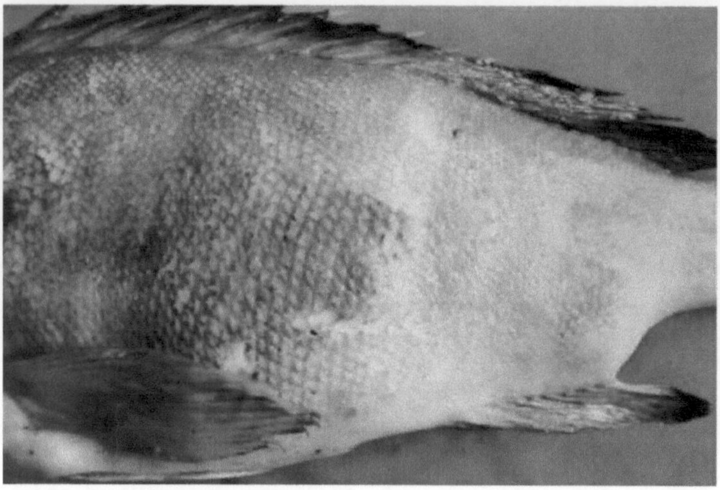

Fig. 2.1e. Fotomicrografia de *J. dussumieri* mostrando a região pélvica com escamas degeneradas devido a um crescimento neoplásico interno (tumor).

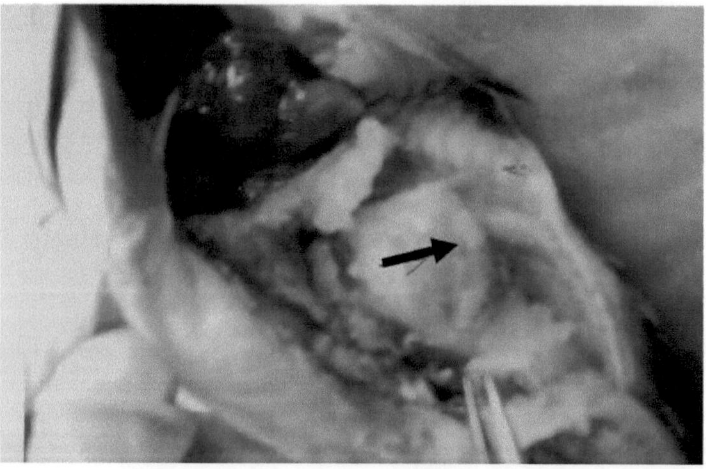

Fig. 2.1f. Fotomicrografia de um peixe *J. dussumieri* dissecado, mostrando um crescimento tumoral ligado aos músculos (seta).

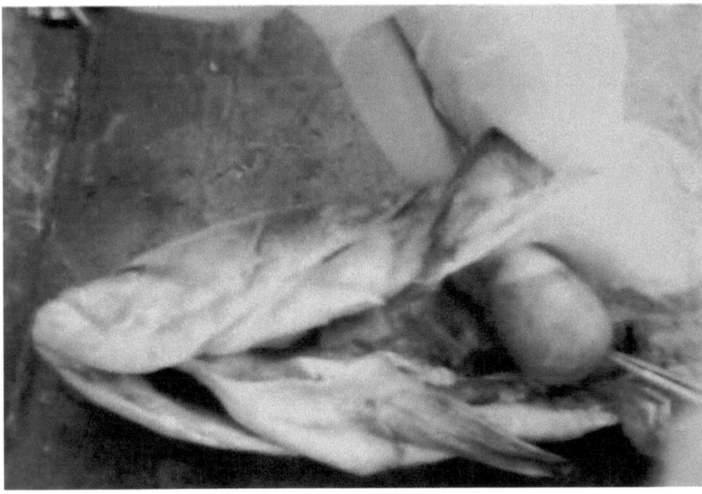

Fig. 2.1g. O espécime dissecado do peixe *J. dussumieri* mostra claramente um tumor totalmente desenvolvido.

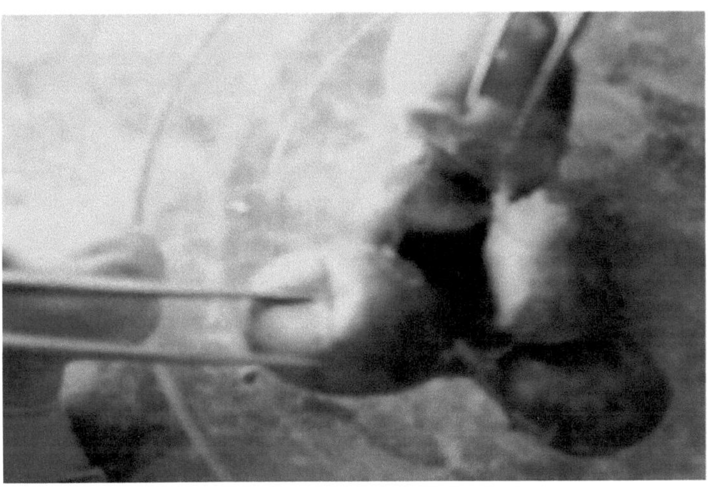

Fig. 2.1h. Um grupo de tumores do peixe *J. dussumieri.*

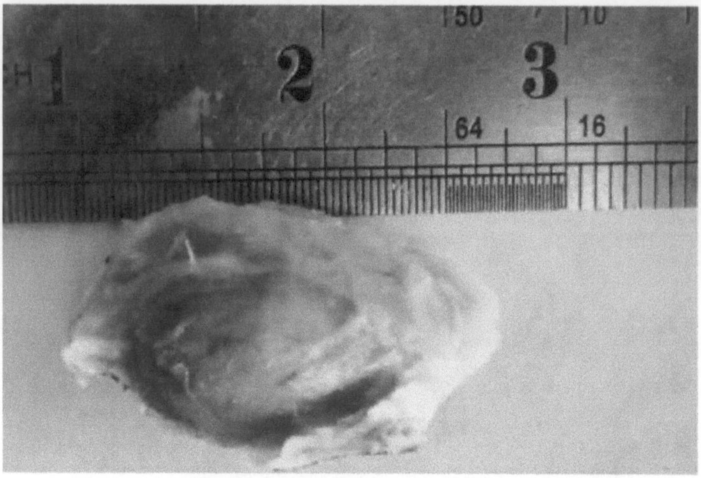

Fig. 2.1i. Fotomicrografia de um tumor isolado do tipo ovo dissecado do peixe *J. dussumieri*.

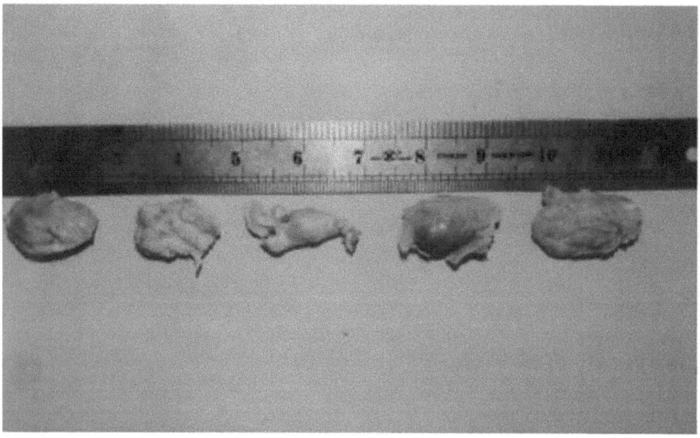

Fig. 2.1j. Fotomicrografia de tumores mostrando as várias formas e tamanhos dissecados do peixe *J. dussumieri*.

Uma vez identificados e familiarizados os géneros e as espécies de cada grupo, os parasitas foram facilmente separados, contados e depois diretamente preservados em álcool a 70% ou em solução de álcool acético-formalina (AFA) (Cable, 1963).

D. PREPARAÇÃO DE LÂMINAS DE TREMATÓDEOS:

1. COMPOSIÇÃO QUÍMICA DO CONSERVANTE:

A solução F.A.A. foi utilizada como conservante. Foi preparada misturando os seguintes produtos químicos:

Formalina 6 ml

Ácido acético 2,5 ml

Álcool a 50% 100ml

2. CONSERVAÇÃO:

Os trematodes foram retirados do hospedeiro sem qualquer forma de tratamento antes da preservação. Todos os espécimes de trematodes foram fixados em solução F.A.A. (Formalina:Ácido acético:Álcool) durante 24 horas sob ligeira pressão (isto é, colocar um espécime numa lâmina limpa e pressioná-la com outra lâmina exercendo pressão até o parasita ficar achatado, depois atar uma lâmina com um fio) e depois lavados e armazenados em etanol a 70%.

3. MANCHAS:

Os trematódeos foram corados com alúmen de carmim de Mayer para a preparação de montagens completas.

4. COMPOSIÇÃO DA MANCHA:

O corante utilizado é o carmim de alúmen,

ALÚMEN DE CARMIM (MAYER'S):

Carmim	2 gm
Alúmen	5 gm
Água destilada	100 ml

As soluções foram aquecidas suavemente durante 5 minutos, arrefecidas e novamente fervidas durante meia hora, filtradas e utilizadas.

5. PROCEDIMENTO DE COLORAÇÃO:

Os trematódeos foram colocados numa placa de Petri contendo corante durante 5 minutos, mas os espécimes foram verificados de vez em quando porque os parasitas espessos levam geralmente mais tempo a absorver o corante.

6. DESIDRATAÇÃO:

As amostras foram novamente colocadas em álcool a 70% durante 5-10 minutos e depois transferidas para álcool a 90% e 100% durante 20-30 minutos em cada grau.

7. LIMPEZA:

Os espécimes foram limpos em óleo de cravo durante 1-2 minutos e depois em xilol para remover o óleo de cravo durante quase 2 minutos.

8. MONTAGEM:

O bálsamo do Canadá é utilizado para efeitos de montagem. Colocou-se uma gota de bálsamo do Canadá numa lâmina limpa e isenta de gordura, juntamente com o espécime, e cobriu-se cuidadosamente com uma lamela. Os espécimes foram depositados na Secção de Parasitologia, Departamento de Zoologia, Universidade de Carachi.

E. ETAPAS HISTOLÓGICAS:

REGRAS BÁSICAS DE PREPARAÇÃO DAS SECÇÕES:

1. INTRODUÇÃO:

A histologia é o estudo microscópico dos tecidos normais, enquanto a patologia é o estudo dos tecidos doentes. Devemos aprender as células e os tecidos vivos. Para o estudo da organização dos tecidos, observam-se as células rapidamente mortas e fixadas com "fixadores" químicos ou físicos, cortadas em fatias finas e coradas com determinados corantes.

2. PROCEDIMENTO DE NECROPSIA E PREPARAÇÃO DE TECIDOS:

Este processo consiste em várias etapas necessárias. O procedimento pode ser efectuado manualmente.

Segue-se uma breve explicação geral do método:

I. AMOSTRAGEM:

i. Peixes vivos e mortos:

Os tecidos dos peixes degeneram-se rapidamente e cada tentativa é feita para observar espécimes frescos. Esta condição tem influência no número de peixes recolhidos em cada local, nas etapas de recolha e no transporte. A degeneração dos tecidos diminui consideravelmente a baixas temperaturas e os peixes mortos podem ser úteis se forem congelados de forma correta, embalando-os em gelo. Foram recolhidas amostras de todos os tumores grosseiramente visíveis. No entanto, pequenas lesões e descolorações podem escapar à observação, pelo que é necessário colher amostras dos tecidos adequados de todos os peixes normais e anormais da amostra. Por exemplo, num estudo destinado a detetar tumores hepáticos em otários brancos, devem ser colhidas amostras de todas as lesões hepáticas observáveis e de todas as supostas anomalias. No total, será composto um certo número de secções de tecido hepático de todos os peixes aparentemente normais. O mesmo número de secções de tecido dos locais semelhantes do fígado será também recolhido de todos os peixes não normais dos locais semelhantes.

ii. Equipamento de necropsia:

Uma pequena caixa de instrumentos é útil para guardar os utensílios de dissecação. Sugerem-se os seguintes objectos para dissecar o peixe.

1. Faca, uma faca limpa de 9 polegadas de lâmina fina.
2. Tesouras de dissecação, lâminas de 2 e 4 polegadas com pontas pontiagudas e arredondadas (vários pares de reserva).
3. Cortadores de ossos.
4. Fórceps, alguns pares de tamanhos diferentes.
5. Bisturis, tamanho normal e lâminas grandes descartáveis.

6. Pedra de afiar ou aço.

7. Plataforma de dissecação e tábua de medição.

8. Régua pequena.

9. Formol tamponado (10 por cento), refrigerado.

10. Sacos de amostras e cassetes de tecidos.

11. Lápis macios para etiquetar as cassetes de tecido.

12. Lupa para examinar de perto pequenas lesões.

13. Gelo.

14. Lenços ou panos absorventes.

15. Folhas de dados.

16. Informações que descrevem o tipo de tumores relacionados com as diferentes espécies e factores como a idade ou o sexo, que se considera influenciarem a prevalência dos tumores.

II. PROCEDIMENTOS DE NECROPSIA:

I. Exame externo:

Após a dissecação do peixe, é necessária uma observação cuidadosa da superfície externa, que contém as cavidades oral e branquial. Se for essencial, remover o opérculo, todas as deformidades, tais como aumento, úlceras, parasitas, erosão das barbatanas, coloração pálida e malformações, incluindo padrões anormais de escamas, curvatura da coluna vertebral e barbatanas, barbilhões ou olhos perdidos ou feridos, são discutidos. O exame visual não é suficiente para identificar pequenas lesões cutâneas, mas estas podem geralmente ser detectadas pelo tato. Em geral, as neoplasias externas são normalmente visíveis a olho nu. Deve ter-se em conta que a maioria das neoplasias são grosseiramente visíveis como nódulos ou massas de tecido que não têm qualquer contrapartida em animais saudáveis. No entanto, a maioria das lesões, sobretudo as que estão presentes em animais mais jovens, são mais pequenas e não são importantes. Consequentemente, os investigadores normalmente ignoram as pequenas lesões planas (1-3 mm), que são visíveis apenas como uma alteração principal da cor. Conseguimos identificar os tumores a olho nu, mas os biólogos estavam conscientes das ligeiras alterações na forma e na cor dos tecidos afectados (Figs. 2.1d, e).

II. Exame interno:

Ao efetuar a observação interna, é essencial abrir a cavidade do corpo de forma a representar todos os órgãos internos, mas sem ferir nenhum deles. Embora as diferentes espécies de peixes apresentem variações na demonstração da sua anatomia e morfologia, a maior parte dos peixes pode ser dissecada por meio de um corte ventral que vai desde imediatamente antes do ânus até à parte entre as barbatanas pélvicas. Os órgãos internos completos podem ser removidos da cavidade corporal através do corte do esófago num ponto imediatamente anterior ao fígado, seguido da separação do intestino imediatamente anterior ao ânus. Nalguns peixes que têm um fígado separado, como a cabeça de boi, a perca, a truta, etc., o fígado pode agora ser destacado e observado cuidadosamente sob todos os aspectos para verificar a sua irregularidade.

A vesícula biliar, que contém a bílis (normalmente um líquido verde-escuro), é removida por dissecção cuidadosa. Cortar o fígado em intervalos de 3-5 mm e examinar as superfícies cortadas é o processo correto para identificar neoplasias que podem não ser visíveis a olho nu na superfície do fígado.

Nalguns peixes, como os membros da família Catostomidae (família dos otários) e da família Cyprinidae (família dos peixinhos), o fígado não é um órgão separado e está presente como tecido hepatopancreático que cobre o tubo digestivo, o baço e a vesícula biliar. Neste tipo de peixes, é útil remover e observar todas as vísceras como uma unidade.

Observar metodicamente todos os outros órgãos principais, incluindo a bexiga (incluindo as superfícies internas), os rins, o baço, as gónadas e o aparelho digestivo. Todo o trato digestivo foi aberto e a superfície da mucosa de revestimento foi observada para detetar crescimentos importantes, redondos ou em forma de placa. A presença de um intestino dilatado, por vezes cheio de líquido e inchado, pode ser sintoma de lesões intestinais. Se estiverem presentes supostos tumores em qualquer dos peixes, devem também ser recolhidas amostras dos tecidos correspondentes, pois parece que os peixes normais do mesmo local. A presença de feridas grosseiras em alguns peixes pode indicar uma grande ocorrência de lesões pré-neoplásicas na população. A ausência de tecido "normal" limita estritamente a explicação dos dados (Fig. 2.1f, g, h).

III. DIAGNÓSTICO TECIDULAR:

Atualmente, a melhor técnica para estudar os danos nos tecidos dos peixes é a histopatologia. Neste procedimento, as amostras do tecido em causa são primeiro "fixadas", colocando-as numa solução fixadora, como a formalina tamponada a 10% (Figs. 2.1g, h, i, j). Após a fixação, o tecido é desidratado através de uma série de alcoolizações. Em seguida, infiltrado com parafina derretida, após a solidificação da parafina, são cortadas secções finas do bloco de tecido com parafina (5-7 microns) utilizando um micrótomo. Estas secções de tecido são posteriormente processadas e coradas, procedendo-se ao exame microscópico.

a. FIXAÇÃO:

Uma vez que os tecidos são destacados do corpo, passam por um processo de autodestruição ou autólise que começa logo após a morte celular pela ação de enzimas intracelulares que causam a quebra de proteínas e, finalmente, a liquefação da célula. A decomposição bacteriana também pode criar alterações nos tecidos que imitam as da autólise e são provocadas pela proliferação bacteriana no tecido morto. Por isso, preservamos os tecidos em fixador. Este é utilizado para reduzir a degeneração celular através da inativação de enzimas ligeiramente endurecidas e para preservar a morfologia do tecido.

- Diferentes tipos de produtos químicos servem como fixadores, sendo utilizados como uma combinação de dois ou mais reagentes químicos misturados.
- Isto preserva a fiabilidade estrutural dos tecidos e das células. Existem 5

grupos de fixadores, tais como:

1. Aldeído (incluindo formaldeído)
2. Mercurial
3. Álcool
4. Picrates
5. Agentes oxidantes

i. Formalina:

Este é o fixador mais frequentemente utilizado porque penetra rapidamente nos tecidos. A solução é límpida, incolor, sem precipitados e o pH não pode ser inferior a 6,5.

ii. Composição química:

Solução aquosa a 40% de formaldeído (que normalmente subsiste como gás) normalmente utilizada como solução diluída (10% de formalina).

iii. Formulação para solução fixadora a 10% - Formalina tamponada neutra:

- Formaldeído (37-40%) 100 ml
- Água destilada 900 ml
- Fosfato de sódio ($Na2HPO4.H2O$) 4 gm
- Fosfato de sódio ($Na2HPO4$) 6,5 gm

Embora a solução de formalina tamponada seja o fixador preferido, o formaldeído pode ser adicionado diretamente à água da torneira e tamponado com lascas de mármore numa situação urgente. O pH da solução de formalina a 10% situa-se entre 6,9 e 7,4 e pode ser confirmado com tornassol. Os tecidos degeneram rapidamente em tempo quente e os passos seguintes são úteis para minimizar a autólise.

iv. **Procedimento de fixação:**

- Recolher os tecidos dos peixes mortos imediatamente.
- Manter o peixe morto no gelo.
- Cortar as fatias de tecido com cerca de 3 mm de espessura.
- Refrigerar o fixador e mantê-lo o mais frio possível.
- Manter um rácio de 10:1 entre o fixador e o volume de tecido.
- Certificar-se de que as cassetes de tecido são imediatamente inundadas no fixador. Misturar periodicamente as cassetes no recipiente do fixador para garantir o máximo contacto entre o tecido e o fixador.
- Colocar os tecidos em fixador fresco após as primeiras 24 horas

b. DESIDRATAÇÃO:

Os tecidos têm uma grande quantidade de água. Esta água deve ser removida, o que se designa por desidratação. Os tecidos são sistematicamente desidratados antes de serem preparados para serem incorporados.

i. Agente desidratante:

ÁLCOOL:

São líquidos óbvios, incolores, inflamáveis, hidrofílicos, miscíveis com a água e, quando anidros, com a maioria dos solventes orgânicos. Para além do seu papel de desidratantes, os álcoois também actuam como fixadores coagulantes secundários durante o processamento dos tecidos. É por esta razão que a água contida nos tecidos deve ser removida, afundando-os numa série de álcoois (50%, 70%, 90% e 100%) durante 30 a 60 minutos em cada grau. É essencial que o álcool completo (100%) seja mudado três vezes para garantir que o último banho de álcool é puro e isento de água.

O tempo definitivo necessário em cada grau de álcool dependerá do tamanho da amostra. O álcool deve ser removido (desalcoolização) antes de se poder iniciar a infiltração de parafina.

Se isto for feito tão rapidamente, o grande fluxo de água pode destruir a morfologia das células e dos tecidos.

ii. Procedimento de desidratação:

ETAPA	DURAÇÃO
30% de etanol	2 horas
50% de etanol	2 horas
70% de etanol	24 horas
90% de etanol	3 horas
100% Etanol, 2 mudanças	24 horas

c. LIMPEZA:

Trata-se de um procedimento em que o álcool dos tecidos e das células é removido e substituído por um líquido em que a cera é solúvel e que também torna o órgão ou tecido translúcido.

AGENTE DE LIMPEZA

O óleo de madeira de cedro e o xileno são utilizados como agente de limpeza. Após a limpeza dos tecidos em óleo de madeira de cedro, estes são imersos em xileno; 2-3 mudanças de xileno durante 30-60 minutos são suficientes para a remoção total do óleo.

Óleo de madeira de cedro	24 horas
Xylol, 2 mudanças, mais	6-24 horas
Xilol + cera de parafina, 2 mudanças, cada (1:1)	24 horas

d. INFILTRAÇÃO:

Depois de os tecidos terem sido sistematicamente limpos com agentes de limpeza, mergulhar os tecidos em parafina e xileno numa proporção de cerca de 1:1, são suficientes 1-2 mudanças de parafina e xileno durante 6-24 horas.

e. IMPREGNAÇÃO:

Em seguida, os tecidos são transferidos para uma cera de parafina pura derretida a uma temperatura de 60-65°C. São utilizados 2-3 banhos de cera de parafina para remover os vestígios de xileno. Este procedimento preencherá todas as cavidades naturais, que ficarão suficientemente firmes para permitir o corte de secções finas adequadas sem distorção. As ceras de parafina são hidrocarbonetos, pelo que o seu ponto de fusão é de cerca de 57-60°C e constituem um meio adequado para o corte de secções.

Cera de parafina, 2 mudanças, cada	24 horas

f. EMBEDDING:

É o processo de colocar tecido impregnado em parafina líquida quente que solidifica num bloco firme, quando arrefece à temperatura ambiente. Este processo é também designado por "casting" ou "blocking".

MÉTODO DE INCORPORAÇÃO:

Os passos seguintes são utilizados para a incorporação:

Tomar L - bloco, untado com glicerina para evitar que a cera se cole à superfície.

A cera derretida é adicionada à cavidade do bloco em poucos segundos à temperatura do forno.

A cera no fundo da peça de vidro liso é deixada a solidificar.

Com a ajuda de uma pinça aquecida, o tecido é transportado para o fundo dos blocos em L num plano reto para ser seccionado (verticalmente). Os restos de cera de parafina são rapidamente vertidos no bloco em L, de modo a que a cavidade do bloco seja preenchida até à superfície exterior.

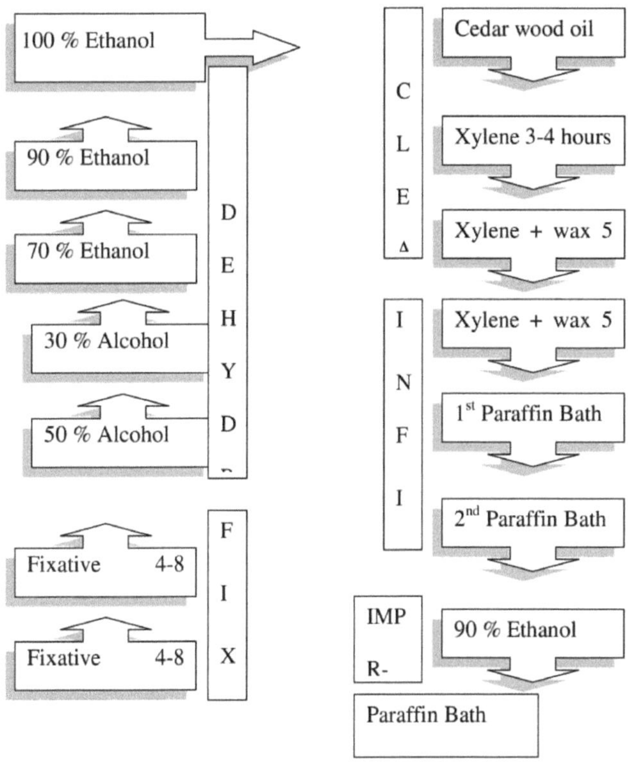

FLUXOGRAMA DO PROGRAMA DE TRATAMENTO

Deve ter-se o cuidado de remover as bolhas de ar com a ajuda de uma pinça aquecida ou de uma agulha esterilizada.

Deixar solidificar à temperatura ambiente. Quando as ceras endurecerem, retirar os blocos em L com cuidado e etiquetar com o nome exato do hospedeiro e a data da recolha.

Os blocos são armazenados em locais frescos que não são utilizados para seccionamento imediato.

g. MICROTOMIA OU SECCIONAMENTO:

Depois de os tecidos terem sido fixados, é necessário cortar em secções que possam ser colocadas numa lâmina. Isto é feito com um micrótomo. O micrótomo não é mais do que uma lâmina com uma maquinaria para avançar blocos de parafina a distâncias padrão através dela.

O bloco sólido de parafina que contém o tecido é seccionado em fatias finas num aparelho chamado micrótomo rotativo. O "bloco" de tecido em parafina é fixado a um suporte de tecido, que é depois colocado no micrótomo. A variedade de espessura das fatias na técnica de parafina é de 3-7 microns (μ) com uma espessura média de fatias de 5 μ. Em muitos casos, as secções de 4 μ são vantajosas.

O movimento do punho rotativo do micrótomo aproxima o "bloco" de parafina da lâmina do micrótomo; como resultado, as secções são cortadas a partir da face do "bloco" e apresentam-se como uma fita. Algumas falhas encontradas na secção de parafina e as suas soluções são discutidas no Quadro 2.1.

h. ALONGAMENTO:

Método de flotação:

Esfrega-se suavemente num plano de uma lâmina de vidro uma fina cobertura de algumas formas de um aditivo, como a albumina ou a glicerina-albumina.

Composição do ovo - albumina:

Clara de ovo -- 50 ml

Glicerina --50 ml

- Um processo de intercâmbio para aderir as fatias às lâminas consiste em sugerir a fita de parafina que contém as fatias de tecido sobre a superfície de um banho de água quente (45-50°C) contendo albumina. A albumina actua como uma cola para aderir as fatias às lâminas.
- O calor do banho-maria torna mais macia a parafina para remover as dobras nas secções de tecido.
- A fita é dividida em pequenas unidades de 3-5 secções cada; um diapositivo é colocado por baixo das secções e as secções são escolhidas e centradas no diapositivo.

- Esgota-se uma quantidade extra de água e as lâminas com as fatias aderentes são colocadas numa placa de aquecimento de lâminas (45-50°C), ainda com as secções fixas à lâmina. As secções de tecido são então secas ao ar para as colar firmemente à lâmina de vidro.
- As lâminas de vidro são ainda colocadas num forno quente durante cerca de 15 minutos para ajudar a secção a fixar a lâmina.

i. DESPARAFINIZAÇÃO E HIDRATAÇÃO:

Antes da coloração das secções de tecidos incluídos em parafina, são necessários os passos seguintes:

- Passar as lâminas por 2 mudanças de xileno para remover a cera de parafina, cerca de 30 minutos em cada mudança.
- Passar a lâmina por duas mudanças de álcool para remover o xileno, cerca de 10-20 minutos em cada mudança.
- Em seguida, manter as lâminas em álcool a 90%, durante 10-20 minutos.
- Lavar a lâmina com álcool a 70% durante cerca de 10 minutos.
- Lavar sistematicamente com água.
- Agora as secções de tecido estão prontas para serem coradas.

j. COLORAÇÃO H E E:

O objetivo de várias colorações para realçar as diferenças entre os componentes do tecido é referido como coloração e contracoloração. É utilizado um método de coloração dupla para reacções que incluem hematoxilina e eosina. Esta é a técnica mais comummente utilizada (Quadro 2.2).

i. Hematoxilina de Harris:

A hematoxilina é um corante fundamental e é utilizado para corar estruturas ácidas, um azul arroxeado, ou seja, o núcleo. O núcleo tem uma grande ou forte afinidade por este corante.

a) **Composição química:**

Hematoxilina -- 50 mg.

Álcool etílico -- 50 ml

Alúmen de potássio ou de amónio---------------------------------- 100gm.

Água destilada --950 ml

Iodeto de sódio --- 1 gm.

Ácido acético glacial --40 ml

b) **Método:**

Dissolver a hematoxilina no álcool com calor moderado (estufa a 56°C ou banho-maria) e dissolver o alúmen em água destilada com calor e agitação comum. De seguida, adicionar à solução aquosa de alúmen quente a solução alcoólica de hematoxilina. Em seguida, ferver a mistura. Após a ebulição, o recipiente é colocado em água fria para arrefecer. Em seguida, adicionar ácido acético à solução e filtrar a solução, que fica pronta para utilização imediata.

ii. Eosina a 1%:

A eosina é um corante ácido que cora estruturas básicas de vermelho ou rosa, ou seja, as proteínas citoplasmáticas são básicas e, por conseguinte, o citoplasma cora-se de rosa ou vermelho-rosado.

a) **Composição química:**

Eosina Y (solúvel em água) ---------------------------------------1 gm.

Água destilada ---80 ml

95 % de álcool--320 ml

Ácido acético glacial --0,4 ml

b) **Método:**

Dissolver a eosina em água e adicionar esta solução ao álcool a 95 % (1 parte de eosina para 4 partes de álcool). Adicionar à mistura final algumas gotas de ácido acético glacial (0,4 ml). O ácido acético aumenta a concentração de coloração da eosina. Quando estiver pronto a ser utilizado, o corante deve estar turvo; se estiver límpido, adicionar algumas gotas de ácido acético.

Pode ser obrigatório normalizar a solução através de secções de controlo e ajustar o tempo de coloração ou a concentração da solução.

iii. Outros reagentes:

a. Diluir HC1 aquoso (0,5 %):

HCl concentrado	2,5 ml
H2O destilada	500ml

b. Diluir a água com amoníaco:

Amoníaco forte (28%) 1,5 ml

Água destilada 500 ml

k. PROCEDIMENTO DE COLORAÇÃO E DESIDRATAÇÃO:

1. As lâminas foram cuidadosamente lavadas em água da torneira e enxaguadas em água destilada.
2. Corar com hematoxilina de Harris durante 3 a 5 minutos. O fator tempo para cada lote de corante deve ser determinado por tentativa.
3. Lavar bem em água corrente da torneira e passar por água destilada.
4. Mergulhar rapidamente as lâminas dentro e fora de HC1 a 0,5 %. Normalmente, são necessárias apenas algumas imersões, que devem ser verificadas ao microscópio. Existe uma boa separação quando os núcleos estão bem corados (púrpura escuro) e o resto do tecido está muito pálido. Manter a lâmina húmida durante o controlo. Se os núcleos não estiverem escuros, lavar com água destilada e repetir a coloração.
5. Lavado temporariamente em água (30 a 60 segundos).
6. Mergulhar várias vezes em água amoníaca diluída. As secções mudarão para

a cor azul.

7. Lavado cuidadosamente em água. Em seguida, enxaguado em água destilada.

8. Posteriormente, enxaguado em álcool a 95 %.

9. Agitar na solução de coloração de eosina durante 10 a 60 segundos, dependendo novamente da intensidade de coloração preferida e da idade da mancha. Escorrer a coloração antes de passar ao passo seguinte.

10. Colocação em álcool a 70 % (30 a 60 segundos).

11. Colocação em álcool a 90 % (30 a 60 segundos).

12. Colocado em álcool total, 2 mudanças (30 a 60 segundos cada)

PRECAUÇÕES:

13. Cada 10 segundos correspondem a um mergulho; assim, o tempo pode ser regulado pelo número de mergulhos.

14. Mudar o álcool quando este parecer estar manchado e mudar o xileno duas vezes por semana.

15. Os tecidos descalcificados podem demorar 15 minutos a corar com hematoxilina de Harris.

16. A intensidade da coloração de rotina deve ser verificada com os patologistas para que a coloração de rotina possa ser padronizada.

17. Continua a ser da responsabilidade do técnico produzir a melhor coloração H & E possível. As lâminas devem ser diferenciadas microscopicamente e não deixadas ao efeito caprichoso dos mergulhos e dos intervalos de tempo, que, na realidade, são apenas um guia de referência. Após a coloração com hematoxilina e a despolarização em álcool ácido, as lâminas devem ser examinadas ao microscópio.

I. LIMPEZA:

Limpar o álcool do tecido com a ajuda de óleo de cravinho. Manter a lâmina em óleo de cravinho durante 15 minutos. A lâmina é mantida no xilol para remover o óleo de cravo da lâmina durante cerca de 15 minutos. Agora as lâminas estão preparadas para a montagem.

Quadro 2.1

PROCEDIMENTO DE ROTINA DE COLORAÇÃO COM HEMATOXILINA E EOSINA

S.N.	Etapa	Solução	Tempo	Função
(1)	Desparafinização	Xileno	2 ½ minutos	Remover a parafina
		Xileno	2 ½ minutos	Remover a parafina
		Álcool absoluto	2 ½ minutos	Remover o xileno
		Álcool absoluto	2 ½ minutos	Remover o xileno
		95% de álcool	Alguns mergulhos (dentro e fora)	Hidratar
(2)	De-Zenkerização (para secções fixadas em soluções contendo cloreto de mercúrio)	Iodo alcoólico	5 a 10 minutos (5 no mínimo)	Remover depósitos de cloreto de mercúrio
(3)	Enxaguamento	80% de álcool	Alguns mergulhos (dentro e fora)	Lavar o iodo das lâminas
(4)	Branqueamento do iodo	Hipo (tiossulfato de sódio)	2 minutos	Remover o iodo das secções
(5)	Lavagem	Água da torneira (no lava-loiça)	Várias mudanças (lavar bem)	Remover hipo
(6)	Coloração	Hematoxilina	1 a 5 minutos (depende da intensidade da hematoxilina). Os tecidos ficarão demasiado corados	Corar núcleos
(7)	Enxaguamento	Água da torneira (no lava-loiça)	Poucas alterações	Lavar as lâminas da coloração
(8)	Descoloração	Álcool ácido 0,5%	1 a 3 mergulhos rápidos	Descolorir secções
(9)	Enxaguamento	Água da torneira, corrente	1 minuto	Parar a ação ácida
(10)	Azulamento	Carbonato de lítio	30 a 60 segundos	Núcleos azuis

Quadro 2.1 (continuação)

S.N.	Etapa	Solução	Tempo	Função
(H)	Lavagem	Água da torneira, corrente	Várias alterações	Remover a solução alcalina. Se não for removida, inibirá a coloração ácida (eosina)
(12)	Verificar os resultados da coloração com o microscópio. Os núcleos devem ser azuis claros e brilhantes, com luz de fundo ou			

	incolores. Se necessário, reter ou descolorir			
(13)	Formação de contadores	Picro-eosina	Poucas imersões a 1 minuto, consoante a fixação	Manchar o citoplasma
(14)	Desidratação	95% de álcool	Vários mergulhos	Desidratar. Também remove o excesso de eosina
		95% de álcool	Vários mergulhos	Desidratar
		Álcool absoluto	Vários mergulhos até ao minuto I	Desidratar
		Álcool absoluto	Várias descidas até 1 minuto	Desidratar
		Álcool absoluto	Várias descidas até 1 minuto	Desidratar
(15)	Limpeza	Xileno	Vários minutos	Eliminar o álcool
		Xileno	Vários minutos	Eliminar o álcool
		Xileno	Vários minutos	Eliminar o álcool
(16)	Montar em Permount			

Resultados: Núcleos - azul **claro e** brilhante. Citoplasma - cor-de-rosa.

m. MONTAGEM:

Montar as secções de forma permanente em bálsamo do Canadá.

I. Reagentes utilizados:

Bálsamo do Canadá ---55-65 g

Xileno --100 ml

II. Método:

Preparar-se com as quantidades indicadas (maiores quantidades de enxaguamento resultarão em soluções mais viscosas).

n. DESLIZAMENTO DA TAMPA:

A razão de ser da lamela é proteger o tecido mencionado e também fornecer uma superfície transparente. Depois de a lamela estar definitivamente fixada, a lâmina pode ser manuseada sem danificar as secções de tecido.

o. LIMPEZA E ROTULAGEM DA CORREDIÇA:

Os passos finais na preparação de uma lâmina histológica são:

I) Limpeza:

Depois de o meio de montagem ter endurecido, o excesso de meio de montagem da lâmina e da lamela é removido por raspagem com uma lâmina de barbear e humedecido com xileno.

II) Rotulagem:

A informação completa de identificação é registada na etiqueta da lâmina de acordo com o método utilizado no laboratório em causa.

p. MICROFOTOGRAFIA:

As microfotografias das secções selecionadas foram preparadas com um fotomicroscópio Nikon.

F. TÉCNICAS ESTATÍSTICAS DE ANÁLISE DE DADOS:

Os efeitos dos factores principais, isto é, a variação sazonal dos parasitas, o número de peixes examinados para deteção de parasitas e o número de crescimento neoplásico nos peixes, foram analisados através de uma análise gráfica por etapas com um procedimento de seleção avançado. Estes factores foram analisados por estatísticas descritivas e medidas descritivas para amostras desiguais, a fim de determinar se a diferença observada na prevalência de infecções nas estações e no crescimento neoplásico nos peixes examinados durante o período de estudo era significativa ou não.

Os dados observados recolhidos foram analisados através de ferramentas de estatística descritiva, apresentação de dados através de gráfico de pizza, gráfico de linhas, histograma e histogramas múltiplos, os dados foram também analisados através de ANOVA (Análise de variância utilizando o teste de intervalos múltiplos de Duncan).

CAPÍTULO 3 REVISÃO DA LITERATURA

A neoplasia manifesta-se geralmente como um inchaço na parte superior e inferior da pele do peixe. Trata-se de uma protuberância ou inchaço diferente da penugem branca das doenças de pele. A maior parte dos inchaços são benignos, a não ser que sejam tão grandes que afectem a qualidade do peixe.

A palavra "benigno" não é cancro, é um tumor, condição ou crescimento que. Isto significa que se restringe a essa parte específica e não se estende a outras partes do corpo ou se infiltra e danifica o tecido circundante

Normalmente, a condição benigna não é perigosa e, em geral, cresce lentamente. Podem ser frequentemente destacados e, na maioria dos casos, nunca voltam a aparecer. No entanto, se um tumor benigno for suficientemente grande, o tamanho e o peso podem afetar órgãos, vasos sanguíneos e nervos próximos, criando assim problemas.

O oposto de benigno é a neoplasia maligna. As circunstâncias malignas são o cancro, sempre que a célula cancerosa pode atacar e destruir os tecidos e os órgãos que estão presentes muito perto da área afetada. Além disso, as células cancerosas podem sair de um tumor maligno e entrar no sistema linfático. Desta forma, o cancro pode espalhar-se do local de origem para outras partes do corpo.

A neoplasia interna pode estar bastante avançada antes de o peixe mostrar quaisquer sinais, tais como um inchaço do abdómen. Estes casos são sempre letais, devido ao crescimento rápido e o peixe pode perder a sua capacidade de nadar ou de comer, o que constitui uma indicação essencial para a eutanásia.

Nos peixes, a maioria das neoplasias contagiosas são linfomas e sarcomas. Vários investigadores têm-se debruçado sobre o crescimento destes tipos de tumores nos peixes. De acordo com Edwards & Overstreet, (1976); Hawkins *et al.,* (1988), a neoplasia e as situações degenerativas não aliviadas estão geralmente associadas ao stress antropogénico no ambiente, especialmente devido à descarga de materiais xenobióticos no ambiente.

É reconhecido que vários parasitas são responsáveis pela destruição dos tecidos dos órgãos infectados nos peixes (Bilqees e Fatima, 1995).

Formação de tumores nos lábios, cabeça e flanco. O tecido proliferativo era de dois tipos, um dizia respeito principalmente a células epiteliais normais da pele (células malpigi) e o segundo envolvia principalmente as "células do medo" glandulares (albuminoides) (RTLA 760) Paperna (1975.)

Haller e Roberts (1980) relataram um caso de neoplasia gémea num peixe, nomeadamente *Sarotherodon spilurus*, proveniente de reprodutores presentes numa exploração de água salobra perto de Mombaça, no Quénia. Um grande tumor presente no flanco continha completamente linfócitos - um linfoma, e o seguinte presente no rim foi reconhecido como um adenoma tubular renal.

Foram estudados numerosos fibromas em *Malapterurus electricus* e dois casos de espermatocitoma no peixe *Protopterus aethiopicus* no Japão e nos EUA; o anterior também ocorreu com melanoma renal (Stolk, 1957a; Nigrelli e Jakowska, 1953; Prince Masahito *et al.*, 1984).

O adenoma das glândulas faríngeas foi definido em *Haplochromis multicolor* (Stolk, 1957b) e o osteocondroma em peixes designados por *Hemichromis bimaculatus* (Nigrelli e Gordon, 1946).

Foi efectuada uma análise de tumores em peixes no Baixo Rio Detroit entre os períodos de estudo de 1985 e 1987. Com base nesta análise de peixes, a ocorrência de tumores nos peixes encontrados no rio Detroit foi relacionada com a examinada em outros cursos de água quimicamente poluídos por Maccubbin e Ersing (1991).

Baumann *et al.*, (1987) registaram a ocorrência de tumores em cabeças de touro castanhas presentes num rio desenvolvido e num lago fabricado.

Foi registado um aumento tumoral no intestino de *Muraenesox cinerus* infetado com acantocéfalos (Bilqees *et al.*, 1997).

Khatoon, *et al.*, (1999) registaram um granuloma gástrico no peixe *Arius caelatus*.

Black *et al.*, (1982) relataram a presença de neoplasias epizoóticas em peixes provenientes de um lago contaminado por resíduos de mineração de cobre.

Bowser *et al.*, (1988) registaram a ocorrência sazonal de tumores cutâneos em walleye *(Stizostedion vitreum)* encontrados no lago Oneida.

O sarcoma dérmico insidioso vulgarmente encontrado e a realização de praticamente uma transversão do tumor foram definidos por Casey (2002).

Papas *et al.,* (1976) e Sonstegard (1976) relataram neoplasias hematopoiéticas duas vezes na ordem Siluriformes, ambas em bagres do canal *Ictalurus punctatus.*

Chen *et al*., (1985) relataram um linfoma linfoblástico num peixe-gato de canal em cativeiro associado à exposição prolongada ao N-metil-NI-nitro-N-nitrosoguaniclme) e num peixe-gato adulto de um tanque de produção comercial no Mississippi.

Goede e Barton (1990) e Goede (1993) descreveram procedimentos baseados na necropsia para avaliar o estado geral de saúde dos peixes, que estão a ser testados como um procedimento sistemático para recolher informações sobre o estado da população selvagem. No âmbito do ensaio da utilidade deste procedimento, foram conservados tecidos selecionados de cabeças de touro pretas *Ameiurus melas* para avaliação histopatológica. A presente comunicação relata um caso de linfoma linfoblástico encontrado em resultado da realização da avaliação geral da saúde.

Mulcahy e O'Leary (1970) e Papas *et al*. (1976) sugeriram que os linfomas são as neoplasias hematopoiéticas mais comuns nos peixes. Os relatos referem-se principalmente a membros da família Esocidae (lúcio e almiscareiro) e Salmonidae (truta e salmão). Na maioria das vezes, têm origem no timo nos salmonídeos e na pele nos esocídeos. Há provas de que os tumores dos esocídeos são induzidos por vírus.

Thompson e Kostiala (1990) apresentam provas recentes, baseadas em microscopia eletrónica e marcadores imunológicos, que sugerem que os tumores do lúcio não são linfomas, mas que a célula de origem é da linhagem dos monócitos, pelo que os tumores podem ser histiocitomas.

Bogovski *et al.,* (1994) apresentaram outros argumentos para que a célula de origem sejam as células de Langerhans. A caraterização imuno-histoquímica dos tumores do lúcio da costa báltica da Estónia sugere a existência de três tipos de tumores: histiocíticos, histiocitóides-focíticos e linfocíticos.

Williams (193l); Haddow e Blake (1933); Bowser *et al.,* (1985) e Hoffmann *et al.*, (1988) sugeriram que existem alguns relatos em que se acredita que as células neoplásicas se originam no pronefro.

Bowser *et al.*, (1985) referiu que, em alguns destes casos, foi registado um inchaço nodular do rim. No peixe-gato do canal, tal como no peixe-touro preto, os rins estavam aumentados mas não nodulares.

Schwab *et al.,* (1978); Schultz e Schultz (1984) e Chen *et al.*, (1985) estudaram a suspeita de uma etiologia viral para um certo número de tumores hematopoiéticos de peixes, havendo alguns relatos de linfossarcomas induzidos quimicamente.

Brown *et al.*, (1973) referiram que foi registada uma correlação entre a frequência de linfoma no lúcio e a contaminação ambiental.

Os estudos de Janisch (1992) especularam sobre uma etiologia química para o linfoma no peixe-balão. Louis têm um extenso historial de utilização industrial e comercial e os sedimentos apresentam níveis elevados de metais e poluentes orgânicos.

Baumann *et al.,* (1991) referiu que as concentrações de hidrocarbonetos aromáticos policíclicos nos sedimentos em alguns locais excedem os níveis encontrados noutros locais dos Grandes Lagos onde foram diagnosticadas neoplasias do fígado em peixes.

Caldwell (1993) estudou a mistura complexa de subprodutos do fabrico de petróleo derramada de um vagão-cisterna descarrilado no rio Nemajdi em 30 de junho de 1992, cerca de 19 milhas a montante do local onde o rio entra na Superior Bay, e que resultou numa mortandade de peixes.

Carlander (1969) e Becker (1983) referiram que os 15 chicharros recolhidos na baía de Allouez se encontravam dentro dos valores indicados na literatura para o comprimento, peso e factores de condição. No entanto, o parâmetro sanguíneo e a pequena quantidade de gordura visceral sugerem que o estado de saúde de todos os chicharros recolhidos neste local pode ter sido prejudicado ou que os peixes estavam stressados. São necessários mais trabalhos para determinar se as nossas observações resultam dos métodos de captura, da exposição a factores de stress ambiental antes da captura ou de diferenças entre espécies. Em conclusão, acreditamos que este é o primeiro relato de linfoma maligno em peixes-touro. Ocorreu numa fêmea adulta, era leucémico com base na avaliação de esfregaços de sangue e pode ter sido induzido quimicamente.

Mawdesley-Thomas (1975) referiu que muitas das neoplasias observadas nos peixes são tumores cutâneos, sendo estes predominantemente papilomas epidérmicos. Os papilomas são crescimentos dobrados da epiderme, suportados e nutridos por tecido conjuntivo dérmico ramificado, o estroma.

Dethlefsen (1978) comunicou os resultados de dois estudos de campo, realizados na baía alemã em agosto (1977) e abril (1978), em que foi investigada a ocorrência de doenças nos peixes.

A solha escura, a solha das pedras *(Pleuronectes platessa)* e a solha *das pedras (Platichthys flesus)* foram encontradas com várias lesões cutâneas. As três espécies de peixes chatos apresentavam úlceras cutâneas que atingiam vários centímetros de tamanho, com até 7,1 % da população afetada. Até 13,9 % das amostras sofriam de podridão das barbatanas.

Johnstone (1925) estudou a formação de tumores em peixes marinhos perto das Ilhas Britânicas durante muitos anos, e relatou este tipo de neoplasia cutânea como "verrugas cutâneas" em vários dab.

Dethlefsen (1978) concluiu que a segunda viagem de recolha de campo, em abril de 1978, foi a causa dos epiteliomas cutâneos observados. Os peixes mais jovens com epiteliomas cutâneos pertenciam à classe 111. Foram observadas taxas de incidência consideráveis numa zona a noroeste da ilha de Helgoland, onde são regularmente depositados resíduos contendo dióxido de titânio (TiO_2).

Amlacher (1976) observou que os tumores cutâneos em peixes podem ser definitivamente atribuídos a uma estimulação mecânica anormal em muitos outros casos. Sabe-se que se formam crescimentos maciços de pele nos pontos onde foram colocadas etiquetas de peixe em indivíduos marcados.

Stich *et al.* (1977) registaram o aparecimento de tumores cutâneos com uma frequência particularmente elevada em cerca de 20 espécies de peixes chatos do Pacífico das águas costeiras da América do Norte, do Japão e da Coreia. A taxa de infeção atinge 58% das populações locais.

McArn *et al.,* (1968) estudaram os tumores, vários dos quais podem ocorrer em peixes, que começam a desenvolver-se algumas semanas após a metamorfose como uma protrusão de nódulos avermelhados, ditos angioepiteliais, até 4 mm de diâmetro.) Trata-se de reacções inflamatórias dos tecidos conjuntivos dérmicos com um ligeiro espessamento da epiderme. O lado pigmentado (superior) dos peixes é mais gravemente afetado do que o lado não pigmentado.

Peters *et al.* (1978) observaram que os papilomas têm uma estrutura muito complexa e que, à medida que o tumor aumenta de tamanho, um número crescente de células tumorais epidérmicas de carácter Malpighi transformam-se em células arredondadas e volumosas, as chamadas células X. Aparentemente, estas células X têm origem nas células mesenquimatosas indiferenciadas, os fibroblastos.

Baumann e Harshbarger *et al.,* (1995) efectuaram um estudo que atribuiu a elevada taxa de tumores hepáticos numa população de cabeças de touro castanho do Ohio aos HAP. A taxa de tumores do fígado nesta população do Ohio diminuiu após o encerramento de uma coqueria e a subsequente diminuição dos níveis de HAP nos sedimentos e nos tecidos dos peixes.

Eufemia *et al.,* (1997) encontraram uma maior intensidade de aductos de ADN em cabeças de touro de um local (rio Buffalo, NY) com elevadas concentrações de PAH nos sedimentos. A análise de metabolitos aromáticos fluorescentes na bílis de cabeças de touro castanhas do local do rio Buffalo mostrou que estes peixes foram expostos a concentrações elevadas de HAP.

Poulet *et al.*, (1993) demonstraram que a inoculação de cabeças de touro castanhas com células neoplásicas provenientes de tumores da cabeça de touro castanhas não resultou na transmissão de neoplasias.

Wellings *et al.*, (1964) observaram que os peixes de 5 a 15 cm de comprimento total, pertencentes às classes de ano 0 a II, são os mais frequentemente afectados. Apenas ocasionalmente são encontrados indivíduos das classes III a V com tumores, facto que indica uma elevada taxa de mortalidade entre os peixes com tumores. Dado que esta condição aparece mais frequentemente no período de transição das classes 0 e I, a incidência apresenta uma grande variação sazonal.

Imai e Fujiwara (1959); Ito *et al.*, (1976) e Wellings *et al.*, (1977) afirmaram que os papilomas complexos do tipo 3 só foram observados até à data em águas do Pacífico. Para além dos peixes chatos, estes crescimentos epiteliais, constituídos por células X e células mais pequenas de carácter Malpighiano entre elas, encontram-se no góbio Acanthogobius flavimanus das águas costeiras japonesas e no bacalhau do Pacífico e do Atlântico. No góbio, estes crescimentos são também papilomas, mas no bacalhau ocorrem como tumores pseudobranquiais

Stich *et al.*, (1977) e Wellings *et al.*, (1977) referiram que o linguado-legítimo Lepidopsetta bilineata é afetado pelo tipo complexo de papiloma e o linguado-amarelo Limanda aspera pela doença de linfocistose. Verifica-se também que, na região atlântica, a doença de lymphocystis está disseminada entre os peixes chatos, afectando também outras espécies de peixes. Esta doença é uma hipertrofia induzida por um vírus de células individuais do tecido conjuntivo dérmico, que leva à formação de um tumor em forma de framboesa na pele.

Rowson (1975) referiu que as infecções por vírus oncogénicos só conduzem frequentemente à formação de tumores após a aplicação simultânea de um estímulo ambiental nocivo. A experiência com mamíferos mostrou que o material carcinogénico, os factores de stress físico, as infecções parasitárias ou a imunossupressão podem atuar como estímulos nocivos.

Segundo Stich *et al.* (1977), parece existir uma certa relação entre a poluição das águas costeiras e a taxa de infeção do linguado-limão por papilomas complexos ao longo da costa ocidental da América do Norte.

Brown *et al.*, (1973) apoiaram as observações de que todas as 17 espécies de peixes investigadas relativamente a tumores de órgãos internos e externos apresentavam uma taxa de infeção significativamente mais elevada numa massa de água interior altamente poluída (Fox River, Illinois) do que num lago menos contaminado (Lake-of-the-Woods, Ontário). O aumento da taxa de infeção no Fox River altamente poluído variou entre 154 % e 616 %. Entre os tumores estudados, havia também alguns que aparentemente tinham uma etiologia viral (por exemplo, o linfossarcoma do lúcio).

Baumann (1998) estudou grandes incidentes de tumores externos e internos em peixes (epizootias de neoplasias) que foram relacionados com carcinogéneos presentes nos restos e na água em diversas AOC nos Grandes Lagos e em diversas outras localizações na América do Norte.

Maccubbin e Black (1990), num estudo efectuado no Michigan, associaram níveis elevados do metabolito biliar dos HAP a níveis elevados de ADN nos fígados de peixes-cabeça-de-boi castanhos e de peixe-galo provenientes do rio Detroit.

Baumann *et al.*, (1996) relataram que, em meados da década de 1990, os investigadores dos EUA e do Canadá analisaram estudos anteriores dos Grandes Lagos que tinham publicado informações sobre a ocorrência de tumores em peixes.

Maccubbin e Ersing (1991) referiram que a maior parte dos problemas relacionados com o aumento dos critérios para a ocorrência de tumores são evidentes numa comparação de três conjuntos de dados do rio Detroit sobre tumores externos e internos de cabeça de touro castanho.

Leadley *et al.*, (1998) estudaram os tumores em três posições diferentes no rio

Detroit: num arranjo de contaminação decrescente, o canal de Trenton, o canal de Amherstburg e a ilha de Peche.

Maccubbin e Ersing (1991) apresentaram uma tabela de ocorrência de tumores por idade para peixes capturados em 1986. Nesse ano, 36% dos peixes observados com tumores externos e 23% dos observados com tumores hepáticos tinham dois anos ou menos.

Baumann (1992); Couch e Harshbarger (1985) e Sonstegard (1977) relataram a ocorrência de tumores em peixes e outras deformações físicas e utilizaram-nos como sinal de degradação ecológica do ambiente aquático e para determinar os problemas de saúde das populações de peixes.

Baumann e Harshbarger (1998) estudaram os casos de elevados rácios de tumores em populações de peixes (epizootias), mais comuns no final da década de 1970, e estudaram as razões do aumento do nível de diferentes tipos de tumores. Atualmente, a diminuição dos níveis de ocorrência de tumores também tem sido utilizada como um sinal de melhoria do nível de saúde dos ecossistemas, sempre que as principais causas tenham sido eliminadas. Embora seja necessário ter em conta uma série de factores, a ocorrência de tumores é um bom sinal da saúde da população de peixes.

Baumann *et al.* (1990) referiram que a taxa de tumores aumenta com a idade nos peixes expostos a carcinogéneos. Em particular, os peixes com menos de três anos de idade não apresentam habitualmente vários tumores em locais extremamente contaminados, uma vez que é necessário um contacto suficiente e um período de dormência para o desenvolvimento do tumor. Por conseguinte, os peixes com menos de três anos não devem ser utilizados na estimativa de tumores internos.

Harshbarger e Clark (1990) concluíram uma revisão alargada que reconheceu epizootias de tumores em 41 posições diferentes na América do Norte.

Baumann (1992a) efectuou uma análise mais aprofundada dos dados em que 22 espécies de populações de peixes apresentavam a elevada taxa de tumores associada a um poluente ecológico, e cerca de dois terços dessas espécies eram peixes de fundo.

Baumann *et al.,* (1996) estudaram a nova análise da corrente, relativa aos Grandes Lagos, e preocupados principalmente com a cabeça de touro castanho e o otário branco, enumera dezenas de epizootias em ambas as águas. o de dezenas de epizootias em águas canadianas e americanas. Estes tumores são normalmente classificados em três grupos diferentes de acordo com a etiologia: induzidos geneticamente, induzidos por vírus e causados por carcinogéneos químicos.

Baumann (1992b) estudou o facto de vários tumores terem uma origem ou etiologia hereditária.

Anders (1967) relatou que os híbridos de espécies de peixes, tais como os cruzamentos de peixe-platyfish /swordtail, podem ser devidos ao risco de tumores devido à diluição de genes modernos ou ao melhoramento de fragmentos de oncogene.

Vielkind e Dippel (1984) relataram que os peixes apresentam uma frequência definida de cancros "espontâneos", e também uma maior predisposição para cancros induzidos quimicamente.

Os estudos de Harshbarger e Clark (1990) e Sonstegard (1977) mostram que a fusão entre a carpa *(Cyprinus carpio)* e o peixe dourado *(Carassius auratus)* nos Grandes Lagos provoca tumores gonadais que têm uma base genética. Por conseguinte, os tumores gonadais em híbridos de carpa e de peixe dourado são incompatíveis para utilização na análise das deficiências até se poder determinar uma presença de base de tumores gonadais "espontâneos".

Baumann (1998) estudou que as frequências de tumores hepáticos observam um período de tempo excessivo em locais isolados, por exemplo, no rio Negro, o que exclui a genética como principal aspeto que afecta o crescimento de tumores no peixe-balão.

Mulcahy e O'Leary (1970); Papas *et al.,* (1977) e Sonstegard (1976) referiram que alguns tumores em peixes têm origem viral. O exemplo mais comum é o linfoma no lúcio do Norte e no almiscareiro.

Smith *et al.*, (1992); Martineau *et al.*, (1990) e Yamamoto *et al.*, (1985) estudaram que os tumores externos que retêm de uma etiologia viral reconhecida influenciam várias espécies e consistem em: hiperplasia epidérmica no walleye e papiloma no salmão do Atlântico, truta arco-íris (Roberts e Bullock (1979)), otários brancos (Baumann *et al*, (1996); Premdas e Metcalfe (1994); Smith *et al.*, (1989 a,b,); Cairns e Fitzsimmons (1988); Sonstegard (1977) e cabeças de touro (Smith *et al.*, (1989a) e Baumann *et al.*, (1996)).

Premdas e Metcalfe (1994) afirmam que os tumores externos se devem a um único vírus e que a frequência dos tumores não aumenta com a idade e que os tumores degeneram subitamente. Uma vez que os tumores externos do walleye são famosos pela sua origem viral, não tendo havido mais investigações que demonstrassem uma taxa mais elevada em águas poluídas, os tumores cutâneos do walleye não podem ser utilizados como uma manifestação de destruição.

Premdas e Metcalfe (1994) referiram que os papilomas labiais em otários brancos fortes inseriram filtrados sem células de tecido de papiloma de otários brancos não saudáveis, pelo que pelo menos alguns tumores labiais presentes nos otários brancos têm uma etiologia viral bem definida.

Baumann *et al.*, (1996) e Premdas *et al.*, (1995) referiram que a razão fundamental de um tumor ser gravemente viral em peixes selvagens não é sempre possível. Por exemplo, só com algumas excepções, a incidência de tumores labiais em otário branco e cabeça de touro castanho é proeminente em populações de áreas desenvolvidas dos Grandes Lagos, apontando para uma etiologia multifatorial (química e viral). Sugeriu que o contacto com produtos químicos aumenta a frequência dos tumores e que as razões são os vírus, através da supressão imunitária ou da melhoria da replicação viral. Por conseguinte, em algumas circunstâncias, a ocorrência de tumores induzidos por vírus pode ser um sinal de contacto com fases desagradáveis de produtos químicos no ambiente aquático.

Harshbarger e Clark (1990); Baumann, Okihiro e Kurey em factos impressos relataram que o tamboril de água doce presente em algumas partes do Lago Erie e reconhecido como tendo uma frequência amplificada de tumores de células pigmentares (cromatoforomas).

Black (1983b) verificou que os tumores têm uma incidência crescente à medida que o comprimento do peixe aumenta. No rio Ohio, a taxa de sobrevivência deste tumor é menor.

Kimura *et al.,* (1984) afirmaram que não se pode atribuir a esses tumores qualquer razão, seja ela viral ou carcinogénica. No Japão, os tumores semelhantes aos da água, ligados a espécies de tambor, foram associados ao contacto com carcinogéneos químicos. No entanto, na ausência de confirmação análoga para o tambor de água doce, esses tumores cromatóforos nessa espécie não podem atualmente ser utilizados para avaliar lesões na investigação de uma única espécie.

Black (1983) sugeriu que os tumores formados por carcinogéneos químicos influenciam mais frequentemente o fígado, apesar de terem sido estimuladas feridas na pele e em vários outros tecidos através da exposição laboratorial.

Baumann (1992 b) estudou a inexistência de tumores hepáticos em alguns peixes que ainda não foram identificados como sendo de origem viral. Não é possível que as epizootias de cancro em populações de peixes selvagens não híbridos tenham uma origem inteiramente genética.

Todas as treze espécies de peixes de fundo previstas por Harshbarger e Clark (1990) como contendo epizootias de tumores hepáticos têm também populações de regiões não contaminadas com um nível de frequência reconhecidamente baixo, inferior a um por cento.

Além disso, em cinco investigações laboratoriais sobre carcinogéneos examinadas por Baumann (1992b), um grande número de peixes de controlo (de três espécies diferentes) apresentaram todos uma taxa de tumores hepáticos espontâneos inferior a um por cento.

Baumann (1992b) referiu que a estimulação química de tumores hepáticos em peixes foi feita experimentalmente com um tipo diferente de carcinogéneos através da inoculação, do contacto com a água e da dieta.

Black *et al.*, (1983) e Black *et al.*, (1985) estudaram a injeção de tumores cutâneos e hepáticos em cabeças de boi castanhas por contacto com resíduos dos rios Buffalo e Black, que consistem em hidrocarbonetos aromáticos polinucleares (HAP) cancerígenos.

Malins *et al.*, (1984) e Myers *et al.*, (1990) referiram que os enormes relatórios de investigação associaram estatisticamente as frequências de tumores no linguado inglês com PAH em resíduos em Puget Sound.

Baumann (1992a) e Baumann *et al.* (1996) estudaram o facto de a grande quantidade de relatórios de investigação em locais de água doce ter associado tumores hepáticos em peixes de fundo a carcinogéneos, principalmente HAP, presentes nos resíduos.

Uma variedade de experiências laboratoriais (Balch *et al.*, 1995; Hinton, 1989; Metcalfe, 1989; Metcalfe *et al.*, 1988, 1990, 1995 e Hendrick, 1985) mostram visivelmente que os produtos químicos podem influenciar diretamente os carcinogéneos nos peixes.

Baumann e Harshbarger (1995) referiram que uma sequência contínua de estudos efectuados no rio Black, Ohio, confirmou a diminuição dos tumores hepáticos em cabeças de touro castanho na sequência de uma diminuição dos HAP no depósito fluvial.

Depois de uma dragagem corretiva em 1990, os restos enterrados poluídos com HAP foram expostos e a ocorrência de tumores hepáticos voltou a melhorar significativamente (Baumann e Harshbarger (1998)). Esta flutuação é um resultado que acompanha flutuações análogas na suposta razão é um dos pareceres epizootiológicos importantes para uma associação entre fonte e resultado.

Baumann *et al.* (1996) estudaram a principal revisão da literatura atual sobre os dados relativos a tumores nos Grandes Lagos e referem que não existem dados suficientes para justificar a conclusão de que o aumento da incidência de tumores nas ventosas e nas cabeças de touro dos Grandes Lagos está relacionado com o contacto direto com poluentes químicos. Os otários e os tritões são espécies costeiras que não se deslocam muito. Por conseguinte, o estado de saúde destas espécies é um sinal do efeito de uma situação específica do ambiente aquático sobre a saúde dos peixes. Os investigadores estudaram também que os peixes-touro de locais poluídos apresentam frequentemente tumores na pele e na cavidade oral. Noutras espécies de peixes, foram demonstrados tumores cutâneos devidos a vírus, que podem ser isolados ou agravados pela ocorrência imediata de carcinogéneos químicos. No entanto, não se provou que os vírus sejam uma das causas das lesões cutâneas do coregono. Os otários brancos são a espécie normalmente utilizada para avaliar a ocorrência de tumores nos braços e portos dos Grandes Lagos no Canadá. Existe uma vasta base de dados que tem sido atualmente analisada e avaliada (Baumann *et al.,* 1996).

Smith *et al.,* (1994) e Steyermark *et al.,* (1999) estudaram uma relação entre a ocorrência de anomalias nos barbos e os sedimentos impuros.

Pinkney e Harshbarger (2005) descobriram que a associação mecanicista entre as deformidades da barra e a neoplasia não foi reconhecida.

Blazer *et al.,* no prelo, estudaram, além disso, parasitas trematódeos que foram relacionados com barbilhos elevados e lesões na cabeça de cabeças de touros castanhos e estas lesões parecem extremamente análogas a uma neoplasia exacta após observação macroscópica.

Black e Baumann (1991) consideram que a atenção deve centrar-se nos contaminantes químicos e não na ocorrência de tumores, sobretudo nos casos em que os peixes cancerosos são obtidos em águas altamente contaminadas, onde os peixes são constantemente expostos a uma vasta gama de poluentes químicos.

Sonstegard (1976a) referiu que não existe qualquer informação que relacione o mau resultado dos papilomas epidérmicos, carcinomas de células escamosas, fibrossarcomas dérmicos ou neoplasia do fígado com o sucesso a longo prazo.

Em 1962, os Drs. Clyde Dawe e Merle Stanton do National Cancer Institute, juntamente com Frank Schwartz do Chesapeake Biological Laboratory, observaram peixes de Deep Creek Lake, Maryland, quando este lago foi tratado com um tóxico para peixes (rotenona) pelo Maryland Fisheries Department (Dawe *et al.,* 1964). Foi detectada neoplasia hepática em três ventosas brancas *(Catostomus commersoni)* e numa cabeça de touro castanha *(Ictalurus nebulosus)* recolhidas neste lago. Este estudo de Dawe e dos seus investigadores descreveu o primeiro relatório em que os produtos químicos foram considerados como a causa do cancro numa população de peixes selvagens. Mais tarde, Dawe sugeriu a utilização destas espécies bentónicas de peixes como "sintomas de carcinogéneos ambientais", ou seja, animais sentinela.

Sinnhuber (1967) referiu que os peixes já tinham sido anteriormente utilizados pela humanidade como sintomas de carcinogéneos ambientais. A invenção da enorme influência carcinogénica da aflatoxina Bl, um metabolito comum dos bolores, teve efeito enquanto se desenvolvia a epizootia (epidemia) mundial de cancro do fígado na truta arco-íris *(Oncorhynchus mykiss)* criada em maternidades.

Fabacher e Baumann (1985) recomendaram que numerosos produtos químicos necessitam de atividade metabólica antes de poderem estimular a neoplasia. Como parte do método de desintoxicação e excreção, outros produtos químicos, como o benzo[a]pireno, são transformados em metabolitos polares pelas enzimas hepáticas. Estes metabolitos são fortemente reactivos e interrelacionam-se com a maquinaria séria da célula para dar início ao processo de cancro. O fígado é o principal fornecedor das enzimas de desintoxicação, designadas mutuamente por sistema de oxidase de função mista.

Black (1984) referiu que, em termos médicos recentes, as palavras tumor, neoplasia e cancro são frequentemente utilizadas de forma alternativa. Geralmente, a palavra cancro indica uma doença maligna em que o cancro, se não for curado por tratamento médico, apresenta a capacidade de atacar e de se espalhar por todo o corpo (metástase), matando finalmente o hospedeiro.

Existem cerca de vastas provas epidemiológicas (Hayes *et al.*, 1990; Metcalfe *et al.,* 1988; Baumann *et al.*, 1990), mantidas por experiências de injeção em laboratório, de que algumas das neoplasias apresentadas nos peixes dos Grandes Lagos.

Smith *et al.*, (1989) estudaram que nem todos os cancros em peixes são provocados por produtos químicos. Reconhece-se que os vírus estão na origem de uma variedade de neoplasias benignas e malignas presentes nos peixes dos Grandes Lagos. Outras neoplasias que se pensa estarem relacionadas com vírus consistem em linfocistos e sarcomas dérmicos no walleye, papilomas na carpa e, possivelmente, papilomas labiais e corporais nos otários brancos, embora ainda não tenha sido estabelecida uma etiologia viral para os papilomas dos otários brancos.

Baumann *et al.*, (1987) relataram que a ocorrência de tumores pode aumentar 25% em peixes mais velhos que vivem em ambientes quimicamente impuros. Existem fortes factos incidentais que envolvem a existência de neoplasias hepáticas com o contacto com hidrocarbonetos aromáticos polinucleares (Black 1983).

As taxas de ocorrência de papilomas labiais ultrapassaram os 50 por cento em peixes com mais de 10 anos de idade em alguns locais dos Grandes Lagos (Hayes *et al.,* 1990).

Hayes *et al.* (1990) referiram que as doenças inflamatórias crónicas do fígado devidas a trematódeos e nemátodos parasitas podem causar necrose hepática limitada, irritação e proliferação extensiva dos canais biliares. A doença gera grandes nódulos brancos ou de cor creme que surgem grosseiramente como um carcinoma colangiolar. Além disso, os quistos parasitários têm origem no fígado e nas vísceras dos peixes selvagens.

Neoplasias histologicamente análogas ocorrem numa espécie marinha de corvina, o nibe *(Nihea mitsukurii),* e foram identificadas como cromatoforomas/blastomas (Kinae *et al.*, 1990).

Budd *et al.*, (1975) estudaram que os tumores gonadais são criados a partir dos componentes dos músculos lisos do testículo e foram examinados na população masculina de percas amarelas de uma variedade de posições nos Grandes Lagos. Os tumores gonadais não são mais frequentes nas fêmeas. Os tumores gonadais são, na sua maioria, de diferentes tamanhos (2-20 mm), de superfície lisa, massas brancas ou de cor creme, que se manifestam como um crescimento a partir do testículo.

Down *et al.*, (1988) estudaram que os tumores gonadais são pouco frequentes em peixes imaturos e a sua ocorrência aumenta com a idade.

Sonstegard (1977) relatou a incidência de híbridos com tumores em locais comparativamente livres de sujidade e a oportunidade de uma função hereditária não adequada que resulta da hibridação aconselha uma etiologia não química. Deve saber-se que os híbridos podem ter uma resposta hipofisária-gonadal irregular que os torna vulneráveis à criação extrema de hormonas gonadotróficas, e conduzem à estimulação dos tecidos gonadais e provavelmente à formação de tumores.

Sonstegard (1976) verificou que a incidência do linfossarcoma é cíclica e que a frequência é máxima na primavera e depois diminui. O linfossarcoma é aproximadamente sempre fatal para o almiscareiro.

Papas *et al.,* (1976) relataram que o linfossarcoma é contagioso através da imunização de homogenatos livres de células em lúcios do norte, e em ambas as espécies, os homogenatos livres de células revelam os factos da ocorrência de um vírus RNA.

Schell (1970) estudou que a maioria dos trematódeos são hermafroditas, contendo tanto órgãos masculinos (testículos, ductos e sistema copulatório) como órgãos femininos (ovário, glândulas vitelinas, ductos e útero). Alguns têm também um órgão copulador especializado (gonótilo em *Heterophyes* spp.) que é útil para a diagnose diferencial. Os ovos são retirados da abertura genital e são geralmente ovais e operculados.

Os vermes sanguíneos (Sanguinicolidae) são delgados, espinhosos e não possuem ventosas ventrais anteriores nem faringe. Os cecos intestinais são curtos, em forma de X ou H. Os ovos são de casca fina e não têm opérculo (Smith, 1972).

Os Didymozoidae são filamentosos, com ou sem uma região posterior expandida, e ocorrem em pares ou pequenos grupos dentro de cavidades corporais ou dentro de cistos ou formações semelhantes a cistos nos tecidos. Alguns são hermafroditas, enquanto outros apresentam graus variáveis de separação entre os sexos (Dawes, 1946).

Os ovos de vermes sanguíneos (Sanguinicolidae), que contêm um miracídio completamente desenvolvido, acumulam-se nos capilares sanguíneos terminais (distais). Apenas os que atingem os vasos sanguíneos do filamento branquial libertam os seus miracídios, que depois rompem ativamente o tecido branquial para a água (Dawis *et al.,* 1961 e Smith, 1972). Os ovos de *Satiguinicola dentata* em *Clorias lazera* (Paperna, 1964b) acumulavam-se nos rins e pareciam evacuar através do sistema urinário.

Van den Broek e Dejong (1979) referiram que os ovos de muitos peixes digenéticos, quando postos, contêm um miracídio completamente desenvolvido. Estes ovos eclodem imediatamente ou pouco depois de serem evacuados do hospedeiro definitivo. Os ovos totalmente embrionados de Ophistorchiidae não eclodem, mas infectam os caracóis hospedeiros ao serem engolidos.

Hoffman (1967) e Schell (1970) estudaram que tanto os moluscos bivalves como os gastrópodes servem de hospedeiros intermédios para os trematodes que atingem a fase adulta nos peixes. Nas águas doces, tanto os prosobrânquios como os pulmonados estão envolvidos. Os trematodes demonstram um elevado grau de especificidade em relação aos seus hospedeiros moluscos. Os bivalves são os primeiros hospedeiros intermédios de Fellodistomatidae, Gorgoderidae e

Allocreadiidae.

Smith (1972) referiu que os pulmonados são os hospedeiros moliuscanos de vermes sanguíneos *(Sanguinicola* spp.), que infectam peixes de água doce *(Lymnaea* spp. de *S. inermis* da carpa), e de Plagiorchidae. Os caracóis prosobrânquios de água doce são hospedeiros de Ophistorchiidae e Monorchidae.

Hoffman *et al., (*1985) estudaram que os dados patológicos sobre os vermes sanguíneos (sanguinolídeos que podem causar danos consideráveis nas brânquias e prejudicar a respiração) são relevantes para os peixes africanos. Os vermes adultos e os ovos presos podem obstruir fisicamente a passagem do sangue, causando trombose e subsequente necrose.

Evans (1974a) referiu que a perda de sangue era evidente devido à cor pálida das brânquias e à diminuição dos volumes de células compactadas e dos níveis de oxihemoglobina.

Uma infeção intensa compromete a capacidade do hospedeiro de resistir a condições de stress; por exemplo, carpas de cultura fortemente infectadas sufocam durante o transporte (Lucky, 1964 e Smith, 1972).

Nas infecções crónicas, os vermes adultos dispersam-se e ficam retidos no coração, nos rins e nos vasos caudais. Os ovos dispersos ficam encapsulados e podem também ficar rodeados por um granuloma focal. Foram demonstrados focos nodulares no coração, na cabeça, nos rins e no baço da carpa (Lucky, 1964).

Khalil (1969) e Ukoli (1969) referiram que os tremátodes do trato digestivo são frequentemente muito comuns em algumas amostras de *Bagrus* spp.

Foram detectadas infecções metacercárias em peixes de todas as massas de água interiores estudadas em África e no Próximo Oriente (Fahmy e Selim, 1959; Paperna, 1964; Williams e Chaytor, 1966; Khalil, 1969, 1971; Paperna e Thurston, 1968 e Van As e Basson, 1984).

Sano *et al*., (1993) analisaram o Epithelioma papillosum, ocasionalmente designado por "varíola da carpa", devido à temperatura a que é suscetível *o*

Herpesvirus cyprinae e afirmaram que a sensibilidade e a gravidade dependem da estirpe. Um tecido que inclui inibidores da aniogénese é a cartilagem (Brem *et al.*, (1975) com cartilagem de tubarão (Lee e Langer, 1983).

O linfoma epizoótico do lúcio do Norte, *Esox Indus,* foi registado nos Estados Unidos por Ohlmacher (1898), na Irlanda por Mulcahy (1963) e no mar Báltico por Olle Ljungberg (1976). Estudos efectuados por Mulcahy e O'Leary (1970); Brown (1974) e Sonstegard (1976), bem como outros, sustentam uma etiologia viral. Thompson e Kostiala (1990) recomendam que a origem da célula seja o macrófago tecidular, o que se baseia em estudos efectuados com lúcios finlandeses.

McFarland (1901) estudou papilomas epidérmicos num peixe-gato branco, *Ameiurus catus,* da Pensilvânia. Os tumores de invertebrados foram analisados por Scharrer e Lochhead (1950). Uma bibliografia sobre tumores de invertebrados disponível em Cantwell *et al.*, (1968).

No início de (1935), o fabrico mundial de produtos químicos orgânicos sintéticos acelerou. Em condições normais, a produção duplicou de oito em oito anos, passando de cem milhões de kg para mais de cem mil milhões de kg. Ao mesmo tempo, os tumores epizoóticos em peixes selvagens aumentaram a cada década.

Tumores prematuros em peixes, provavelmente associados a carcinogéneos ambientais, eram papilomas epidérmicos transplantáveis em peixes de cabeça castanha, *Ameiurus nebulosus,* dos rios Deleware e Schuykill, perto da cidade industrial de Filadélfia (Lucke e Schlumberger, 1941). Na década de 1980, continuaram a ocorrer papilomas em cabeças de boi castanhas do rio Delaware, a norte de Filadélfia, tendo também sido registadas neoplasias hepatocelulares (Hershberger e Clark, 1990).

Dawe e Walls (1989) descreveram Georg Schlumberger, que utilizou entusiasticamente as suas informações de patologia médica e o seu estatuto para a investigação sobre o cancro em répteis, anfíbios e peixes e em vertebrados, tendo tido um grande impacto na oncologia relativa em meados do século XX. A sua morte na altura errada e os 10 anos em coma foram uma grande perda para o campo. Explicou o rim poliquístico no peixe dourado, *Carassius auratus* (Schlumberger, 1950), as neoplasias da bainha dos nervos periféricos no peixe dourado (Schlumberger, 1952), o ameloblastoma no salmão Chinook, *Oncorhynchus tshawytscha* (Schlumberger e Katz, 1956) e fez uma revisão do campo (Schlumberger e Lucke, 1948 e Schlumberger, 1957).

Dawe *et al.*, (1964) afirmaram que o otário branco, *Catostomus .commersoni,* do lago Deep Creek, Maryland, EUA, altamente poluído com resíduos de minas, gases de escape de barcos a motor, insecticidas, transbordos agrícolas e produtos domésticos, apresentava papilomas epidérmicos e neoplasias do fígado.

Stanton (1965) efectuou a primeira investigação de carcinogenicidade com um peixe pequeno e começou com o peixe-zebra, *Danio rerio*, como animal de teste. Dezassete de 65 zebra daneos identificaram neoplasias do fígado nas 10-30 semanas subsequentes a 8 semanas de contacto com 10100 ppm de dietil nitrosamina dissolvida na água do aquário.

O guppy, *Poecilia reticulata,* foi estabelecido para carcinogenicidade relatada por Khudoley (1971). A dietilnitrosamina e a dimetilnitrosamina dissolvidas na água do aquário numa dosagem de 13,3 a 100 ppm estimularam o adenoma hepatocelular, o carcinoma hepatocelular e o colangioma em 23% dos guppies após 7-8 semanas de contacto.

Mawdesley-Thomas (1972) analisou vários tumores em peixes durante uma conferência que organizou em 1971 e que estudou as doenças dos peixes.

Brown *et al.*, (1973) descreveram neoplasias em numerosas espécies de peixes no rio Fox contaminado a oeste de Chicago, em contraste com aproximadamente nada nas mesmas espécies de lagos canadianos pristinos.

O simpósio na Irlanda conduziu diretamente a um simpósio de 1976 sobre contaminantes aquáticos e propriedades biológicas, com importância para a neoplasia, estruturado e editado por Kraybill *et al.* (1977). Casualmente nessa reunião, mas mais tarde de forma mais adequada, McCain (1977) referiu o cancro do fígado no linguado inglês, *Parophrys vetula,* num afluente altamente contaminado de Puget Sound.

Na sequência de um estudo e análise de peixes em 49 locais em Puget Sound e na área circundante, que relacionou abertamente neoplasias do fígado e lesões precursoras com hidrocarbonetos aromáticos policíclicos presentes nos resíduos (Landahl, 1990).

Foi detectado um carcinoma hepatocelular no tamboril do Atlântico, *Microgadus tomcod,* do rio Hudson, NY, profundamente contaminado por PCB e PAIT (Smith *et al.*, 1979).

Em 1979, Baumann estabeleceu que a cabeça de touro castanha, *A. nebulosus*, apresentava carcinoma de células escamosas, carcinoma hepatocelular e colangiocarcinoma num emissário de uma coqueria no rio Balck, Ohio (Baumann *et al.,* 1982 e Hershberger *et al.,* 1984).

O Princess Takamatsu Cancer Research Fund, de Tóquio, apoiou a reunião, abordagens filéticas do cancro (Dawe *et al.,* 1981), uma das importantes conclusões da conferência foi a prova de que a problemática lesão das células X identificada desde os anos 20 e generalizada em muitos géneros de peixes é parasitária e não neoplásica.

Um neuroblastorma invasivo, de crescimento rápido, com figuras mitóticas tripolares foi descrito num trematódeo, *Otodistomum plunketi*, de um tubarão (Hershberger e Gibson, 1982). O cancro do fígado foi registado em sauger, *Stizostedion canadense* e walleye, *S. vitreun,* do Torch Lake MI poluído por uma mina de cobre e por produtos químicos utilizados na extração de cobre (Black *et al.,* 1982).

Seis espécies de peixes do rio Niagara, NY, apresentavam neoplasias de origem cutânea, hepática ou dos nervos periféricos (Black, 1983).

A neoplasia hematopoiética revelada pela primeira vez no berbigão geral,

Cerastoderma edule, na Irlanda (Twomey e Mulcahy, 1984) foi difundida por extractos livres de células, que dependem de uma etiologia viral (Collins e Mulcahy, 2003).

O nifurpirinol é a segunda substância química estabelecida como carcinogénica em bioensaios com peixes (corvina), sendo a primeira a aflatoxina (Kimura *et al.*, 1984).

A descoberta de uma epizootia de cancro do fígado na solha-das-pedras, *Pleuronectus americanus,* proveniente do emissário de águas residuais de Deer Island, no porto de Boston (Murchelano e Wolke, 1985), indicou que a gestão da sujidade tinha avançado, o que resultou na eliminação do cancro do fígado da solha-das-pedras.

A neurofibromatose na donzela bicolor, *Stegastes partitus,* dos recifes da Florida foi recomendada como uma neurofibromatose nos humanos (Schmale *et al.*, 1986). Schmale *et al.*, (2002) acredita que um vírus notável é o agente etiológico. O cancro do fígado do Bowfm, *Amia calva,* foi estudado e confirmado no rio Detroit (Maccubbin *et al* 1987 e Maccubbin e Ersing, 1991).

As neoplasias do fígado foram estudadas na perca branca da Baía de Chesapeake, *Morone americana* (May *et al.*, 1987).

O cancro do fígado da cabeça de touro castanho foi descrito no rio Cuyahoga, em Cleveland, Ohio (Baumann e Mac, 1988). Este é o rio que uma vez foi contaminado e pegou fogo.

Papilomas orais e neoplasias hepáticas em otários brancos estudados a partir de locais contaminados no Lago Ontário. (Smith e Zajdlik, 1987 e Cairns e Fitzsimons, 1988). O extrato do resíduo poluído é injetado nos óvulos da truta arco-íris, *Oncorhynchus mykiss*, o que resulta no desenvolvimento de cancro do fígado (Metcalfe *et al.,* 1988).

No pâncreas e no fígado, desenvolveu-se um crescimento neoplásico no peixe sapo Oyster no rio York, Virgínia (Thiyagarajah e Bender, 1988).

Será inofensivo consumir peixe proveniente de ambientes poluídos? Para tratar desta questão geral, Dawe e Stegeman (1991) organizaram uma conferência sobre a riqueza alimentar aquática quimicamente impura e o risco de cancro humano. Por outro lado, a teoria de que os carcinogéneos químicos sobem na cadeia alimentar foi completada pela transferência trófica experimental de carcinogéneos para a solha-das-pedras alimentada com mexilhões azuis poluídos com sedimentos contendo carcinogéneos provenientes da lixeira central de Long Island Sound (Gardner *et al.,* 1991).

O músculo estriado desenvolve-se no nefroblastoma da enguia japonesa, *Anguilla japonica* (Masahito *et al.,* 1982), que é semelhante ao tumor de Wilms nos seres humanos. O músculo estriado também se desenvolve no nefroblastoma da enguia americana, *Anguilla rostrata,* mas em nenhum outro género de peixe ou em nefroblastomas de qualquer espécie de mamífero não humano. Este facto recomenda que as enguias podem ser os substitutos mais valiosos para estudar o tumor de Wilms.

Quase 5% dos peixes brancos do lago, *Coregonus dupedformis,* do rio São Lourenço, perto do Quebeque, tinham cancro do fígado (Mikaelian *et al.,* 1998). Esta foi a primeira epizootia de cancro do fígado registada em salmonídeos selvagens, embora se reconheça há muito tempo que a truta arco-íris de incubação é suscetível a hepatocarcinogéneos nutricionais e o cancro do fígado tenha sido praticamente injetado em numerosas espécies de salmão.

Confiável com vários novos locais poluídos, o papiloma epidérmico do otário branco, *Catostomus commersoni*, foi também estudado no rio São Lourenço (Mikaelian *et al.,* 2000).

A cabeça de boi castanha, *Ameiurus nebulosus*, tem cancro do fígado e da pele diretamente associado aos PAH cancerígenos presentes nos resíduos de muitos locais do sistema dos rios Potomac e Anacostia na área de Washington D.C., Virgínia e Maryland (Pinkney *et al.,* 2001).

A segunda edição do Manual of Ornamental fish da BSAVA (British Small

Animal Veterinary Association), editado por William W. Wildgoose, incluía um capítulo sobre neoplasia e anomalias progressivas (Hershberger, 2002).

A Comissão Mista Internacional (1989) referiu que os tumores e outras deformações dos peixes ocorrem quando "a taxa de prevalência de tumores e de muitas anomalias dos peixes excede os rácios de uma localização organizada". Recentemente, 16 das 41 COA têm a presença de tumores ou outras deformações programada como uma das suas desvantagens de utilização vantajosa.

Maccubbin *et al.,* (1985); Baumann (1989); Baumann *et al.,* (1991, 1996); Smith *et al.,* (1994) e a International Joint Comission (1987) referiram que uma espécie indicadora de explicação para o COA é o peixe-cabeça-de-boi castanho *Ameiurus nebulosus*, porque se trata de um peixe de fundo com uma área de residência específica e está identificado para obter contaminantes dos alimentos e sedimentos.

Harshbarger e Clark (1990); Baumann e Harshbarger (1995); Pinkney *et al.,* (2001); Black (1983); Smith *et al.,* (1989); Bowser *et al.,* (1991) e Poulet *et al.,* (1994) estudaram o facto de as neoplasias do fígado e da pele estarem relacionadas com a exposição a hidrocarbonetos aromáticos polinucleares (PAH) e outros contaminantes.

Sonstegard (1977); Hayes *et al.,* (1990) e Bowser *et al.,* (1991) estudaram a ocorrência de neoplasia cutânea que é frequentemente importante em peixes provenientes de locais quimicamente não higiénicos, frequentemente industriais.

Poulet *et al.,* (1994) estudaram a relação dos papilomas epidérmicos e carcinoma com o contacto químico é menos definida do que com a neoplasia hepática.

Existe também um bom apoio à influência do contacto com os HAP no desenvolvimento do crescimento neoplásico no fígado e de outras feridas microscópicas do fígado noutras espécies de peixes, incluindo o linguado inglês *Parophrys vetulus* (Myers *et al.,* 1990), o mummichog *Fundulus heteroclitus* (Vogelbein *et al.,* 1990) e a solha-das-pedras *Pseudopleuronectes americanus*

(Gardner *et al.*, 1989).

Baumann *et al.*, (2000) registaram a presença de neoplasia hepática na COA por local e ano. Mueller e Mac (1994) referiram que a neoplasia incluía apenas o carcinoma hepatocelular (neoplasias hepáticas avançadas) ou o colangiocarcinoma (neoplasias biliares), mas não o adenoma hepatocelular e o colangioma.

Já existem critérios analíticos para lesões hepáticas não neoplásicas e neoplásicas em algumas espécies de peixes, como o linguado inglês *Parophrys vetulus*, a medaka *Oryzias latipes*, a solha comum *Limanda limanda* e a solha europeia *Platichthys flesus* (Myers *et al.*, 1987; Boorman *et al.*, 1997; Feist *et al.*, 2004).

Blazer *et al.*, (2006) estudaram a presença de lesões hepáticas neoplásicas ou pré-neoplásicas em peixes-touro ou em otários brancos *Catostomus commersonii*. Ao longo dos anos, foram efectuados muitos estudos para avaliar a neoplasia nestes peixes, tanto tumores do fígado como da pele. No entanto, um dos principais problemas na comparação dos resultados tem sido a falta de critérios fiáveis para avaliar as alterações histológicas nos fígados dos peixes-touro.

Baumann *et al.*, (1990) relataram ("Cholangiofibrosis"). Esta consistia principalmente em enormes massas encapsuladas que rodeavam seis ou mais ductos biliares aparentemente normais. Em "Outras Lesões" foram também registadas fibroses biliares menores e outras anomalias.

Baumann *et al.* (1987) referiram que a prevalência de papilomas na cabeça-de-touro castanha não está associada à prevalência de tumores hepáticos, nem entre locais nem em peixes individuais dentro desses locais. É a recente incapacidade de separar a comunicação de poluentes (tanto carcinogéneos como promotores) e a infeção por vírus que nos impede de utilizar as lesões externas como um princípio para avaliação BUI.

Baumann e Harshbarger (1995) estudaram o facto de estudos de campo terem relacionado uma diminuição da ocorrência de tumores com uma diminuição da poluição por PAH nos sedimentos.

Vogelbein *et al.* (1990) estudaram que os peixes expostos a concentrações importantes de HAP na natureza apresentavam uma ocorrência de neoplasias hepáticas consideravelmente mais elevada do que os que não estavam expostos. Assim, as neoplasias do fígado são os principais sinais fiáveis de contacto com carcinogéneos.

Blazer *et al.*, (2006) referiram que os focos de alteração celular, dependendo das caraterísticas morfológicas e de coloração, podem ser classificados como basófilos, eosinofílicos, vacuolados e de células claras. Foi estudada a evolução de focos basófilos para carcinoma hepatocelular em numerosas espécies de peixes.

Blazer *et al.*, (2009) referiram que os tumores hepáticos nos peixes, com raras excepções de células estaminais, resultam de células do fígado (hepatocelulares) ou de células das vias biliares (colangiocelulares). A produção de células das vias biliares foi confirmada após contacto laboratorial com carcinogéneos em várias espécies. Do mesmo modo, tais lesões (hiperplasia das vias biliares e fibrose colangiocelular) foram registadas juntamente com tumores em populações selvagens de locais poluídos.

Blazer (2009) registou uma ocorrência crescente de tumores hepáticos com a idade em peixes-touro da baía de Presque Isle, particularmente a partir dos 8 anos de idade.

Mikaelian *et al.* (2000) estudaram as amostras provenientes de cinco locais da bacia de São Lourenço, tendo verificado que as neoplasias labiais ocorriam quase exclusivamente em peixes com mais de 350 mm (sendo o comprimento um substituto da idade). Por conseguinte, é essencial ter em conta a idade quando se compara a ocorrência de neoplasias entre populações.

White (2004) registou doze salmões-coho, com cerca de 8 semanas de idade, examinados cada um com uma única neoplasia que ligava os músculos esqueléticos axiais dorsolaterais. Em todos os casos, a neoplasia estava diretamente ligada às vértebras. A neoplasia era composta por ilhas que consistiam em pequenas células com morfologia espindelóide redonda e irregular. As células neoplásicas tinham citoplasma basófilo e núcleos vesiculares.

Bowser *et al.,* (1990) relataram que os sarcomas dérmicos em walleye estão ligados a um retrovírus. Grizzle *et al.,* (1983) estudaram fibromas dérmicos num peixe-papagaio de faixa vermelha.

Morrison *et al.,* (1993) e Morison *et al.,* (1995) registaram neoplasias epiteliais e sarcomas dérmicos em argentinas. Heidel *et al.* (1992) registaram carcinomas do pâncreas na medaka e no salmão-coho.

Knusel *et al.,* (2007) relataram dois casos de branquioblastomas em carpas koi (*Cyprinus carpio*), caracterizados a olho nu por massas nodulares bem demarcadas, de cor vermelha pálida, situadas no primeiro arco branquial esquerdo e no pseudobrânquio direito, respetivamente. Histologicamente, as neoplasias apresentavam células do tipo blastóide que se diferenciavam em cartilagem e lamelas branquiais rodeadas de muito tecido conjuntivo fibroso. De acordo com esses achados, foi diagnosticado um branquioblastoma.

Martineau e Ferguson (2006) estudaram as neoplasias cutâneas mais comuns, como papilomas, fibromas e fibrossarcomas, e outros órgãos são menos frequentemente afectados.

Martineau e Ferguson (2006); Thatcher *et al.,* (1980); Wildgoose (1992) e Wildgoose e Bucke (1995) referem que as neoplasias das brânquias são pouco frequentes e que os relatos disponíveis incluem papilomas, carcinomas de células escamosas, fibromas, condromas e branquioblastomas.

Chen *et al.,* (1996) e Kimura *et al.,* (1993) estudaram em peixes, as neoplasias são normalmente referidas como sendo quimicamente induzíveis. Os branquioblastomas podem ser induzidos artificialmente por exposição a carcinogéneos, como a N-metil-N'-nitro-N-nitrosoguanidina e o nifurpirinol, na medaka (*Oryzias latipes*).

Thiyagarajah *et al.,* (2001) relataram a ocorrência de neoplasias em robalos de cultura (*Morone saxatilis*, *Morone chrysops*), Pinkney *et al.*, (2004) compararam a ocorrência de tumores (fígado e pele) e lesões cutâneas observáveis (erosão das barbatanas e bolhas anormais).

Peters e Watermann (1979) registaram três papilomas cutâneos estruturalmente diferentes em peixes chatos. Aparentemente, os responsáveis são agentes causais diferentes. A estrutura e a distribuição destes papilomas compostos indicam que é possível que se trate de um vírus. Existe também uma certa relação entre a taxa de incidência dos tumores e o grau de poluição das águas costeiras.

Blazer e Schrank (1995) estudaram o linfoma maligno leucémico numa cabeça de touro negra recolhida na Baía de Allouez, num estuário industrializado do Lago Superior, perto de Superior, Wisconsin, EUA. Não foram observados sintomas grosseiros de associação tímica e supõe-se que este tumor tenha tido origem no tecido hematopoiético do rim.

Baumann *et al.,* (1990) compararam a frequência de tumores hepáticos com as caraterísticas de comprimento e idade em cabeças de touro castanhas (*Ictalurus nebulosus*) com mais de 250 mm de comprimento total provenientes de duas ribeiras do Lago Erie. Esta partilha de idades e comprimentos é compatível com a hipótese de que os peixes-cabeça-de-boi castanhos do rio Negro foram sujeitos a uma mortalidade selectiva por idade relacionada com uma grande ocorrência de carcinoma do fígado.

Pinkney *et al.,* (2009) relataram a ocorrência de tumores hepáticos e cutâneos em cabeças de touro castanhas *Ameiurus nebulosus*, que têm sido utilizados nos lagos norte-americanos para selecionar zonas extremamente poluídas que suscitam preocupação e verificar a sua recuperação. Este estudo mostra que a falha logística é um método adequado para comparar "contaminado" com "localização" e avaliamos a eficácia dos estudos de tumores como sinal ambiental para a bacia hidrográfica da baía de Chesapeake.

Myers *et al,* (1994) estudaram a associação entre anomalias hepáticas e concentrações de poluentes químicos nos resíduos, no conteúdo estomacal, no tecido hepático e na bílis, observadas estatisticamente em três espécies de peixes de fundo, linguado inglês *(Pleuronectes vetulus*), solha-das-pedras (*Platichtlys stellatus*) e corvina-branca (*Genyonemus lineatus*), capturados em 27 locais urbanos e não urbanos na costa do Pacífico, do Alasca ao sul da Califórnia, e corvina branca (*Genyonemus lineatus*), capturados em 27 locais urbanos e não urbanos na costa do Pacífico, desde o Alasca até ao sul da Califórnia. As anomalias identificadas foram neoplasias, focos pré-neoplásicos de alteração celular, lesões não neoplásicas e vacuolização hidrópica de células epiteliais biliares e hepatócitos.

Dawe *et al.,* (1964) relataram neoplasias solitárias de origem no ducto biliar intra-hepático originadas nos fígados de três de doze otários brancos (*Catostomus commersoni*) retirados do lago Deep Creek, Maryland. As neoplasias eram habitadas por um protozoário parasita que também estava presente nos canais biliares de *C. commersoni* sem tumores.

Os peixes portadores de tumores encontravam-se todos na gama máxima de tamanhos desta espécie em Maryland. Não foram detectadas neoplasias nos espécimes mais pequenos examinados. Foram encontradas múltiplas lesões nodulares no fígado de uma cabeça de touro castanha (*Ictalurus nebulosus*) do mesmo lago. Estas lesões eram compostas por proliferações hepatocelulares semelhantes a hepatomas de desvio mínimo, mas não se podia excluir a hipótese de representarem regenerações nodulares.

Halver *et al.* (1962) estudaram hepatomas num pequeno grupo de trutas arco-íris expostas ao DDT através da alimentação. Outros contaminantes pesticidas podem ter origem em actividades agrícolas na bacia hidrográfica de Deep Creek.

Wolf e Jackson (1963) e Wood e Larson (1961) registaram a ocorrência de carcinoma hepático na truta arco-íris.

Schmale (1995) estudou a neurofibromatose das donzelas (DNF), uma doença neoplásica que afecta o sistema nervoso periférico e os cromatóforos da donzela bicolor Pornacentruspartitus nos recifes da Florida (EUA). Esta declaração apresenta o resultado de experiências de transmissão utilizando a injeção intramuscular e intraperitoneal de uma diversidade de preparações tumorais para induzir a DNF.

Schmale (1991) estudou a neurofibromatose das donzelas (DFN), uma doença neoplásica que afecta o sistema nervoso periférico e os cromatóforos da donzela bicolor *Pomacentrus partitus* nos recifes da Florida (EUA).

Anders e Yoshimizu (1994) registaram papilomas epidérmicos no salmão masu e na carpa, expostos a herpesvírus.

Vicha e Schmale (1994) estudaram que as células que continham grânulos eosinofílicos eram também um componente de todos os tumores.

Harkin e Reed (1969) referiram que a citologia dos tumores era variável; as células mais pequenas tinham geralmente núcleos hipercromáticos, enquanto os núcleos das células maiores apresentavam tipicamente cromatina marginada. O grau de espaço extracelular dentro dos tumores também era variável. O padrão dominante de crescimento celular era o de células alongadas dispostas em fascículos rodopiantes. Estes agrupamentos são típicos dos observados em neurofibromas e neurofibrossarcomas em mamíferos (Harkin e Reed 1969). Células contendo grânulos eosinofílicos eram também um componente de todos os tumores (Vicha e Schmale 1994).

Harshbarger *et al.,* (1981) estudaram os tumores da bainha dos nervos periféricos, tais como neurofibromas, schwannomas e neurofibrossarcomas. Estes são relativamente comuns nos peixes.

Takayama *et al.* (1981) e Mix (1986) relataram que a eficácia contínua das experiências de transmissão em série ao longo de muitas passagens também indica que estes tumores não são causados por carcinogéneos químicos ou físicos no ambiente. Embora tenham sido relatados numerosos exemplos de cancros induzidos quimicamente em peixes, nenhum demonstrou ser transplantável.

Qasim e Ayub (2012) estudaram os peixes colhidos aleatoriamente do lote de peixes que se encontrava no átrio do porto de peixe de Karachi para leilão e examinaram-nos durante um período de um ano, de agosto de 2007 a julho de 2008, para determinar a prevalência e a intensidade dos parasitas em diferentes espécies.

Bilqees (1981) e Shaukat e Bilqees (2005) relataram que os peixes encontrados ao longo da costa do Paquistão estavam infectados por vários tipos de parasitas, entre os quais os trematódeos são os mais comuns. Foram registadas várias espécies de trematodes em vários peixes da costa do Paquistão.

Ghaffar (2007) estudou uma lista exaustiva de helmintas parasitas dos peixes da costa de Karachi e os órgãos afectados estão disponíveis, tendo o intestino sido considerado o mais vulnerável à infeção por trematodes e nematodes.

Fatima e Bilqees (1989) e Rizwana *et al.*, (1999) estudaram no Paquistão, embora exista literatura suficiente sobre as espécies de parasitas que infectam os peixes, mas os estudos sobre as variações sazonais da infeção parasitária nos peixes são escassos

Fatima e Bilqees (1989) correlacionaram a incidência de helmintas parasitas com a estação do verão em vários peixes comestíveis da costa de Karachi.

Chatterjee, (1980) relatou que, primeiro, a superfície externa de cada órgão foi examinada e, em seguida, cada órgão foi cortado e aberto para ser examinado e o parasita, se presente, foi removido e examinado sob microscópio binocular para verificar o grupo. Do mesmo modo, Santos e Eiras (1995) estudaram a ocorrência sazonal dos digenéticos.

Katkansky (1974) estudou que outras etiologias, para além dos resíduos tóxicos, têm sido recomendadas para a presença de necrose dérmica em peixes marinhos. Em 1972 e 1973, foi efectuado um estudo de peixes provenientes de águas estuarinas e oceânicas da Califórnia, com o objetivo de descrever a extensão geográfica dos peixes que apresentavam crescimentos de tipo neoplásico.

Nigrelli e Ruggieri (1965); McArn e Wellings (1971) e Miller e Wellings (1971) referiram que foram registados crescimentos do tipo neoplásico em peixes capturados em águas que não podiam ser consideradas poluídas.

Outras etiologias para além da poluição foram sugeridas por Wellings e Chuinard (1964), que observaram que partículas semelhantes a vírus estavam associadas a papilomas epidérmicos.

As possíveis relações entre os papilomas epidérmicos e a ocorrência de parasitas (trematódeos monogenéticos) foram assinaladas por McArn e Wellings (1971) e Cooper e Keller (1969).

Cooper e Keller (1969) examinaram mais de 15 000 peixes entre setembro de 1965 e setembro de 1966 a partir de amostras regulares de várias partes da baía. Doze por cento dos peixes examinados apresentavam tumores.

A ocorrência de peixes com tumores e de peixes com podridão das barbatanas foi documentada na região da Baía de Santa Mónica por Young (1964), Barada 1972 e por relatórios do Southern California Coastal Water Research Project.

Mark *et al.,* (2001) relataram que a taxa de tumores e a população de cabeça de touro castanha (*Ameiurus nebulosus*) na Baía de Presque Isle, Lago Erie, foram observadas entre 1992 e 1999. Os peixes foram recolhidos por pesca eléctrica e rede de armadilhas. Tumor cutâneo (grosseiramente visível, de 22% em 1992 para 0% em 1999). Estas consequências recomendam uma melhoria do valor ambiental e da saúde comum da população de cabeça de touro castanha.

Smith *et al.,* (1994); Baumann *et al.,* (1996) e Lesko *et al.,* (1996) sugeriram que o peixe-gato cabeça de touro castanho (*Ameiurus nebulosus*) é utilizado como espécie indicadora da contaminação da água e dos sedimentos, uma vez que se verificou que apresenta um risco de tumores cutâneos e outros tumores em zonas com níveis importantes de poluentes reconhecidos.

Baumann *et al.,* (1996); Baumann e Harshbarger (1998); Leadley *et al.,* (1998) encontraram taxas de tumores mais elevadas em populações de cabeça de touro castanho em rios e lagos com cargas elevadas de contaminantes orgânicos (particularmente hidrocarbonetos aromáticos policíclicos; PAHs) em comparação com sítios de referência.

A Comissão Mista Internacional (1989) referiu que a ocorrência de elevadas taxas de tumores nos peixes é um dos componentes utilizados para definir as deficiências dos grandes lagos que suscitam preocupação (AOC).

Padep (1992, 1995 e 1997) sugeriu que uma associação entre a taxa de tumores e o tamanho do corpo (ou a idade) indica que uma maior duração da exposição resulta num aumento dos tumores. Os indivíduos maiores com cabeça de touro castanho tendem a ter maior probabilidade de apresentar tumores da pele ou do fígado.

Battelle *et al.* (1997) referiram que a causa dos tumores é provavelmente a presença de contaminantes nos sedimentos da baía ou na água que flui para a baía. Os poluentes remanescentes na baía de Presque Isle que foram reconhecidos como PAHs importantes (variando de 0,03 a 58mg/kg de PAHs totais em peso seco).

Benna *et al.,* (2013) sugeriram que os peixes presentes em águas poluídas são susceptíveis de serem afectados por tumores, o que constitui a base da presente investigação. A investigação baseia-se no *Mytus Gulio*, um peixe residente ao longo do esboço do lago Veli. Este lago é contaminado por resíduos industriais e também pelo comportamento humano. Na metade do estudo, percebeu-se que os peixes eram afectados por um tumor de cor avermelhada, com um crescimento multilobular não pigmentado, originado no pedúnculo caudal do peixe.

Moses *et al.*, (2011) e Shella *et al.*, (2011) sugeriram que o peixe é uma fonte barata de proteínas ricas para uma dieta equilibrada. A sua cultura e propagação têm sido prioritárias na maioria dos países em desenvolvimento. Um dos problemas graves enfrentados na pesca interior é o mesmo problema.

Arvind *et al.*, (2002) afirmaram que a poluição da água na Índia se tornou um problema grave que ameaça a saúde de milhões de pessoas. A poluição da água afecta gravemente a vida aquática A Índia enfrenta atualmente um grave problema de poluição industrial.

Akiyama *et al.*, (1986); Joseph *et al.*, (2012); Baumann e Hamilton (1984); Moses *et al.*, (2011) e Shella *et al.*, (2011) descreveram que algumas das doenças que afectam o *Mystus gulio* e ilustradas no trabalho são tumores, malformações em diferentes tecidos e deformidades. As razões para estas malformações são atribuídas aos efluentes industriais despejados no lago Veli pela Travancore Titanium Products, pela fábrica de argila inglesa e também pelos esgotos domésticos.

Paperna *et al.*, (1996) descreveram que os tumores, que são doenças não infecciosas, afectam a saúde dos peixes.

Smith *et al.*, (2000); Matsusato *et al.*, (1986) e Paperna *et al.*, (1996) relataram que os tumores em peixes têm despertado o interesse de muitos biólogos.

CAPÍTULO 4 LISTA DE TREMÁTODES DOS PEIXES DA COSTA DE KARACHI

Parasita	Anfitrião	Localização	Autor
Helicometrina nimia	*Stromateus cinereus*	Intestino	Linton (1910)
Lepdapedon elongatus	*Stromateus cinereus*	Intestino	Nicoll (1915)
Bianium plicitum	*Tetrodon inermis*	Intestino	Stunkard (1930)
Lecithocladium psenopsis	*Stromateus sinensis*	Intestino	Yamaguti (1934)
Maganaacetabulum trachuri	*Harpodon nehereus*	Intestino	Yamaguti (1934)
Tubulovesicula anguillae	*Harpodon nehereus*	Intestino	Yamaguti (1934)
Tubulovesicula anguisticauda	*Muraenesox cinereus*	Intestino	Yamaguti (1934)
Tubulovesicula spari	*Muraenesox cinereus*	Intestino	Yamaguti (1934)
Uterovesiculurus hamati	*Otolithus argenteus*	Intestino	Yamaguti (1934)
Stomachicola muraenesocis	*Muraenesox cinereus*	Intestino	Yamaguti (1934)
Prosorchis breviformis	*Harodonte neeroso*	Intestino	Srivastava (1936)
Monodhelmis torpedinis	*Arius serratus*	Intestino	Dolifus (1937)
Waretrema piscicola	*Scatophagus argus*	Intestino	Srivastava (1937)
Lepidapedon genge	*Parastrmateus niger*	Intestino	Yamaguti (1938)
Pseidoplagioporus lethrini	*Crenidens indicus*	Intestino	Yamaguti (1938)
Acanthocolpus indicum	*Trichiurus savala*	Intestino	Srivastava (1936)
Mehrailla ovocaudatus	*Stromateus cinereus*	Intestino	Srivastava (1936)
Bucephalus varicus	*Sphyraena obtusata*	Intestino	Manter (1940)
Lepocreadioides indicus	*Platycephalus scabar*	Intestino	Srivastava (1941)
Erilepturus lemeriensis	*Scomberoides sp.*	Intestino	Manter (1947)
Stephanostomom ditrematis	*Pseudosciaena diacanthus*	Intestino	Manter (1947)
Buceohalopsis tenuis	*Sphyraena obtusata*	Intestino	Yamaguti (1952)
Pseudoiepidapedon lethrini	*Polydactylus indicus*	Intestino	Yamaguti (1952)
Opisyholebes diodontis	*Diodontis hystrix*	Intestino	Cabo (1956)
Aephnidiogenes senegalensis	*Crenidens crenidens*	Intestino	Dollfusetcapon (1958)
Magnacetabulum trachuri	*Harpodon nehereus*	Intestino	Manteretpritchard (1960)
Pseidoplagioporus interruptus	*Crenidens indicus*	Intestino	Durio & Manter (1968)
Pleorchis ghanensis	*Otolithus argenteus* *Pomadasys olivaceus* *Pseudosciaena diacanthus*	Intestino	Fischthal et Thomas (1968)
Acerointestinecola karachiensis	*Cybium sp*	Intestino	Jehan (1970)
Allostomachicola chirocentri	*Chirocentrus dorab*	Intestino	Jehan (1970)
Orientodiploproctodaeum diacanthi	*Pseudosciaena diacanthus*	Intestino	Bhutta&Khan (1970)
Monodhelmis elongatus	*Erethistes elongata*	Intestino	Bilqees (1970)
Multigondus microcecus	*Miojo monazo*	Intestino	Bilqees (1970)
Lecithocladium octovitellari	*Stromateus sp.*	Intestino	Bilqees (1971)
Ectenurus crenidensis	*Crenidens indicus*	Guelras	Bilqees (1971)
Lecithocladium anteporus	*Stromateus sp.*	Intestino	Bilqees (1971)
Lecithocladium arabiana	*Stromateus sp.*	Intestino	Bilqees (1971)
Lecithocladium hexavitellarii	*Stromateus sp.*	Intestino	Bilqees (1971)
Lecithocladium microcaudum	*Stromateus sp.*	Intestino	Bilqees (1971)
Lecithocladium microductus	*Stromateus sp.*	Intestino	Bilqees (1971)
Lecithocladium tetravitellarii	*Stromateus sp.*	Intestino	Bilqees (1971)
Magnecetabulum Galandocaudum	*Arius serratus*	Intestino	Bilqees (1971)
Qadriana fusiformis	*Sciaena glauca*	Intestino	Bilqees (1971)
Prosorchis hexavitellatus	*Stromateus sinensis*	Intestino	Bilqees (1971)
Prosorchis yamaguti	*Stromateus sinensis*	Intestino	Bilqees (1971)

Prosorchis stromatei	*Stromateus* sinensis	Intestino	Bilqees (1971)
Cameronia octovitellarii	*Muraenesox cinereus*	Intestino	Bilqees (1971)
Camerónia paquistanês	*Muraenesox cinereus*	Intestino	Bilqees (1971)
Cestodera gastrocecus	*Arius serratus*	Intestino	Bilqees (1971)
Cestodera unicecus	*Arius serratus*	Intestino	Bilqees (1971)
Segmentação cinzenta	*Muraenesoxcinereus*	Intestino	Bilqees (1971)
Segmentatum karachiensis	*Muraenesox cinereus*	Intestino	Bilqees (1971)
Segmentatum magnaesophagustum	*Muraenesox cinereus*	Intestino	Bilqees (1971)
Segmentação do Qadrii	*Muraenesox cinereus*	Intestino	Bilqees (1971)
Bicaudum interruptum	*Cynoglossus sindensis*	Intestino	Bilqees (1971)
Bicaudum otolithii	*Otolithius argenteus*	Intestino	Bilqees (1971)
Tritesticulum biovarium	*Stromateus sp.*	Intestino	Bilqees (1971)
Buckleytrema postaceelabulorchis	*Arius serratus*	Intestino	Bilqees (1971)
Pseudohurleytrema magna	Peixe de desconhecido Identidade	Intestino	Bilqees (1971)
Podocotyloides sindensis	*Cynoglosis sindensis*	Intestino	Bilqees (1971)
Ectenurus indicus	*Cynoglosis indicus*	Intestino	Bilqees (1971)
Tormopsolus spatulatum	*Cybium sp.*	Intestino	Bilqees (1972)
Diplobulbus vitellosus	*Tetradon lunaris*	Intestino	Bilqees (1972)
Paradiplobulbus heterorchis	*Tetradon lunaris*	Intestino	Bilqees (1972)
Paradiplobulbus isorchis	*Tetradon lunaris*	Intestino	Bilqees (1972)
Lecthochirium canadus	*Rachycentron canadus*	Intestino	Bilqees (1972)
Lecthochirium harpodoni	*Harpodon nehereus*	Intestino	Bilqees (1972)
Lecthochirium musculoatrium	*Lactarius delicatulus*	Intestino	Bilqees (1972)
Lecthochirium spindale	Peixe de desconhecido Identidade	Intestino	Bilqees (1972)
Sterrhurus stromatei	*Stromateus sinensis*	Intestino	Bilqees (1972)
Notoporus hystrix	*Chelomycterus hystrix*	Intestino	Bilqees (1972)
Pseudocoitocaecum thirssoclessis	*Thirssocles purava*	Intestino	Bilqees (1972)
Allopodocotyle korangiai	*Muraenesax cinereus*	Intestino	Bilqees (1972)
Allopodocotyle trichiuri	*Trichiurus purava*	Intestino	Bilqees (1972)
Helicometrina otolithi	*Otolithus argenteus*	Intestino	Bilqees (1972)
Helicometrina karachiensis	*Pseudosciaena dicanthus*	Intestino	Bilqees (1972)
Plagioporus mujibi	*Crenidens indicus*	Intestino	Bilqees (1972)
Podocotyloides trachuri	*Trichiurus savala*	Intestino	Bilqees (1972)
Podocotyloides dorabii	*Chirocentrus dorab*	Intestino	Bilqees (1972)
Sterrhurus stromatei	*Stromateus sinensis*	Intestino	Bilqees (1972)
Stephanostomum dicotylus	*Cybium gattatum*	Intestino	Bilqees (1972)
Karachiterma trilobata	*Caranx affinis*	Intestino	Bilqees (1973)
Laruea straightum	*Pseudosciaena dicanthus* *Rachycentron canadus*	Intestino	Jehan (1973)
Allostomachicola chirocentri	*Chirocentrus dorab*	Intestino	Jehan & Azam (1973)
Prosorhynchus thapari	*Plectorhynchus cinctus*	Intestino	Manter (1973)
Trifoliovarium tricanthi	*Tricanthus brevirostric*	Intestino	Bilqees (1973)
Helicometrina plectorhynchii	*Plectorhynchus sp.*	Intestino	Jehan (1973)
Anterodiscus biseminalis	*Pseudosciaena diacanthus*	Intestino	Bilqees (1974)
Anterodiscus triuteri	*Pseudosciaena Diacanthus*	Intestino	Bilqees (1974)
Multiovarium heteroformis	*Pseudosciaena diacanthus* *Cybium guttatum*	Intestino	Bilqees (1974)
Multiovarium interruptum	*Pseudosciaena diacanthus*	Intestino	Bilqees (1974)
Acanthocolpus elongatus	*Peixe de fita*	Intestino	Bhutta & Khan (1975)
Tormopsolus longisaccus	*Stromateus cinereus*	Intestino	Bhutta & Khan (1975)
Sterrhurus orientalis	*Lutjanus johnii*	Intestino	Bhutta & Khan (1975)

Hamacreadium karachiensis	*Rastreltiger kanagurta*	Intestino	Bhutta & Khan (1975)
Hamacreadium rastrellii	*Rastreltiger kanagurta*	Intestino	Bhutta & Khan (1975)
Prosorhynchus erumenis	*Psettodes erumei*	Intestino	Bilqees (1976)
Paradiscogaster niger	*Parastromateus niger*	Intestino	Bilqees (1976)
Pseudohypertrema karachiense	*Pomadasys olivaceus*	Intestino	Bilqees (1976)
Crassicutis caranxi	*Caranx affinis*	Intestino	Bilqees (1976)
Lepidapedon parastromatei	*Therapon gerbua*	Intestino	Bilqees (1976)
Olivacreadium pyllorchis	*Pomadasys olivaceus*	Intestino	Bilqees (1976)
Olivacreadium heterorchis	*Lutjanus johnii*	Intestino	Bilqees (1976)
Helicometrina chilomycteri	*Chilomycterus hystrix*	Intestino	Bilqees (1976)
Acanthostomum niger	*Pampus niger*	Intestino	Zaidi & Khan (1977)
Allcicornis karaachi	*Platycephalus scabar*	Intestino	Zaidi & Khan (1977)
Telorhynchus scaberi	*Platycephalus scaber*	Intestino	Zaidi & Khan (1977)
Callodistomum minutus	*Lates calcarifer*	Intestino	Zaidi & Khan (1977)
Ectenurus minutus	*Caranx sansum*	Intestino	Zaidi & Khan (1977)
Lecithocladium karachi	*Carangoides presustus*	Intestino	Zaidi & Khan (1977)
Lecithocladium pakistanensis	*Carangoides* malabaricus *Megalaspis cordyla*	Intestino	Zaidi & Khan (1977)
Lampritrema savalai	*Trichiurus savala*	Intestino	Zaidi & Khan (1977)
Proctotrematoides dicanthi	*Epinehelus dicanthus*	Intestino	Zaidi & Khan (1977)
Plagioporus heterorchis	*Pomadasys olivaceus*	Intestino	Bilqees (1977)
Tergestia karachiense	*Stromateus sinensis*	Intestino	Bilqees (1978)
Pseudocaenodera karachiense	*Pomadasys sp.*	Intestino	Bilqees & Malik (1978)
Lecithocladium arabicum	*Caranx djedaba*	Intestino	Farooq & Khanum (1980)
Lecithocladium stromatei	*Stromateus niger*	Intestino	Farooq & Khanum (1980)
Complexobursa magna	*Lates calcarifer*	Intestino	Bilqees (1980)
Monorchis heterorchis	*Muraenesox cinereus*	Intestino	Bilqees (1980)
Prosogonotrema karachiensis	*Lutjanus Johnii*	Intestino	Bilqees & Durani (1980)
Erilepturus karachiensis	*Cybium guttatum*	Intestino	Bilqees & Nighat (1981)
Tubo vesicular	*Pomadasys olivaceus*	Intestino	Bilqees & Nighat (1981)
Lecithocladium thynensis	*Thynnus sp.*	Intestino	Bilqees & Nighat (1985)
Sterhurus tetradontus	*Tetradon lunaris*	Intestino	Shaikh *et al.*, (2002)
Stomaturus otolithii	*Otolithus argenteus*	Intestino	Bilqees *et al.*, (2003)
Stomaturus karachiensis	*Stromateus niger*	Intestino	Bilqees & Khatoon (2003)
Neodiptherostomum karachiensis	*Pseudosciaena diacanthus*	Intestino	Bilqees *et al.*, (2003)
Diacanthomonorchis karachiensis	*Pseudosciaena diacanthus*	Intestino	Bilqees *et al.*, (2004)
Parapolillecithum karachiensis	*Cybiun guttatum*	Intestino	Bilqees *et al.*, (2004)
Hysterolecitha faticaudata	*Engraulis purava*	Intestino	Bilqees *et al.*, (2004)
Minutum Neoeneuterun	*Thynnus thunnia*	Intestino	Bilqees *et al.*, (2004)
Allodiscocotyla elongatum	*Chirinemus moadetta*	Estômago	Bilqees *et al.*, (2004)
Dujardinascaris karachiensis	*Pomadasysolivaceus*	Estômago	Bilqees *et al.*, (2004)
Podocotyle pakistanicus	*Trichiurus savala*	Intestino	Bilqees & Khatoon (2004)
Pedunculotrema pakistanicus	*Trichiurus savala*	Intestino	Bilqees & Shahina (2004)
Thynstehopera lobata	*Túnica do timo*	Intestino	Bilqees e Khatoon (2004)

Lecithocladium arii	*Arius serratus*	Intestino	Bilqees *et al.*, (2005)
Stromaturus otolithi	*Otolithus argenteus*	Intestino	Bilqees *et al.*, (2005)
Lecithocladium olivacae	*Pomadasys olivaceum*	Intestino	Bilqees *et al.*, (2006)
Bucephalus hexalobatus	*Pomadasys olivaceus*	Intestino	Bilqees *et al.*, (2006)
Pleorchis otolithi sp. n	*Otoliyhus argenteus*	Intestino	Shaukat& Bilqees (2006)
Thynotrema elongatum	*Thynnus thunnia*	Intestino	Bilqees *et al.*, (2007)
Thynotrema thynotrema	*Thynnus thunnia*	Intestino	Bilqees *et al.*, (2007)
Rastridostomum kanagurtae	*Rastrelliger kanagurta*	Intestino	Bilqees *et al.*, (2007)
Stephanostonum gibsoni	*Pomadasys olivaceum*	Intestino	Bilqees *et al.*, (2008)
Pleorchis heterorchis	*Lutjanus johnii* *Otolithus argenteus*	intestino	Shaukat (2008)
Decemtestis johhnii	*Lutjanus johnii*	intestino	Shaukat(2008)
Lecithocladium cybii	*Cybium guttatum*	estômago	Shaukat(2008)
Lecithocladium karachiensis	*Parastromateus niger*	estômago	Shaukat(2008)
Lecitocládio magnasoma	*Stromateus sinensis*	estômago	Shaukat(2008)
Lecithocladium magnavesicula	*Pomadasys olivaceum*	estômago	Shaukat(2008)
Lecithocladium lateropharyngium	*Stromateus sinensis*	estômago	Shaukat(2008)
Tubulovesicula olivaceus	*Pomadasys olivaceum*	estômago	Shaukat(2008)
Tubulovesicula microcaudum	*Otolithus argenteus*	estômago	Shaukat(2008)
Tubulovesicula magnacirrosa	*Pseudosciaena diacanthus*	estômago	Shaukat(2008)
Tubulovesicula karachiensis	*Pseudosciaena diacanthus*	estômago	Shaukat(2008)
Allopyragraphorus niger	*Parastromateus niger*	brânquias	Hadi (2009)
Axinoides belangerii	*Johnius belangerii*	brânquias	Hadi (2009)
Heteraxinoides karachiensis	*Scomberomorus gutatus*	brânquias	Hadi (2009)
Pseudochauhanea forsteri	*Sphyraenae forsteri*	brânquias	Hadi (2009)
Allodiscocotyla pakistanensis	*Chorinemus tol*	brânquias	Hadi (2009)
Bicotylophora blochii	*Trachinotus blochii*	brânquias	Hadi (2009)
Asymmetra elongata	*Epinephelus malabaricus*	brânquias	Hadi (2009)
Assimetria assimetria	*Epinephalus malabaricus*	brânquias	Hadi (2009)
Cathucotyle arabiansis	*Scomberomorus guttatus*	brânquias	Hadi (2009)
Cathucotyle bilqeesae	Guelras *de Scomberomorus commerson*		Hadi (2009)
Neocathucotyle pakistanensis	*Scomberomorus lineolatus*	brânquias	Hadi (2009)
Neogotocotyla rohdii	*Scomberoides lysan*	brânquias	Hadi (2009)
Cynoscionicola calcariferi	*Lates calcarifer*	brânquias	Hadi (2009)
Polinicola indicus	*Polynemus indicus*	brânquias	Hadi (2009)
Microcotyle rubrum	*Otolithus ruber*	brânquias	Hadi (2009)
Microcotyle argenticus	*Pampus argenticus*	brânquias	Hadi (2009)
Microcotyle Jonii	*Lutjanus jonii*	brânquias	Hadi (2009)
Opegaster alykhani	*Lutjanus argentimaculatus*	Intestino	Bilqees *et al.*, (2009)
Lecithochiriun Johnii	*Lutjanus johnii*	Estômago	Bilqees *et al.*, (2009)
Lecithochiriun diacanthi	*Sciaena diacanthus*	Estômago	Bilqees *et al.*, (2009)
Qadriana otolithi	*Otolithus argenteus*	Intestino	Bilqees *et al.*, (2009)
Microvesicula otolithi	*Otolithus argenteus*	Intestino	Bilqees *et al.*, (2009)
Prosorsynchus longivesicula	*Caranax affinis*	Intestino	Bilqees *et al.*, (2009)
Tubulovescicula magnacirrosa	*Pseudosciaena diacanthus*	Intestino	Bilqees *et al.*, (2009)
Tubulovescicula dorabi	*Chirocentrus dorab*	Intestino	Bilqees *et al.*, (2010)
Pleorchis karachiensis	*Sciaena dussumeiri*	Intestino	Bilqees *et al.*,

			(2010)
Tubulovescicula macrovesicula	*Plectorhynchus cinctus*	Estômago	Bilqees *et al.*, (2010)
Tubulovescicula microvesicula	*Plectorhynchus cinctus*	Estômago	Bilqees *et al.*, (2010)
Neodichadena magnavesicula	*Triacanto brevirostris*	Intestino	Bilqees *et al*, (2010)
Macrorchirhynchus macrorchis	*Psettodes eremei*	Intestino	Bilqees *et al.*, (2010)
Neogotocotyla rohdii	*Scomberoides lysan*	Guelras	Hadi e Bilqees (2010)
Microcotyla rubrum	*Otolithus Ruber*	Guelras	Hadi e Bilqees (2010)
Allomicrocotyla niger	*Parastromateus niger*	Guelras	Hadi e Bilqees (2010)
Lecithocladiumi karachiensis	*Parastomateus niger*	estômago	Shaukat e Bilqees (2010)
Allodiscocotyla pakistanensis	*Chorinemus tol*	Guelras	Hadi e Bilqees (2011)
Microcotyle jonii	*Lutjanusjonii*	Guelras	Hadi e Bilqees (2011)
Conica trilobata	*Otolithus argenteus*	Intestino	Bilqees *et al.*, (2011)
Microcotyle argenticus	*Pampus argenticus*	Guelras	Bilqees (2011)
Lecithocladium cybii	*Cybium guttatum*	Intestino	Shaukat e Bilqees (2011)
Lutjanus johhnii	*Decemtestis johhnii*	Intestino	Shaukat e Bilqees (2012)
Neodiploproctadeum Karachiensis	*Lagocephalus lunaris*	Intestino	Bilqees *et al.*, (2012)
Cathucotyle arabiansis	*Scomberomorus guttatus*	*Guelras*	Hadi e Bilqees (2012)
Cathucotyle bilqeesae	*Scomberomorus commerson*	*Guelras*	Hadi e Bilqees (2012)

CAPÍTULO 5 OBSERVAÇÃO E DEBATE

INFESTAÇÃO SAZONAL DE TREMÁTODES E CRESCIMENTO NEOPLÁSICO EM PEIXES DA COSTA DE KARACHI

A. OBSERVAÇÃO:

i) INFESTAÇÃO SAZONAL DE TREMÁTODES E CRESCIMENTO NEOPLÁSICO NO ANO DE 2009:

Os dados da infeção global e de cada ano separadamente foram analisados estatisticamente quanto à variação sazonal dos tremátodes e do crescimento neoplásico.

A incidência anual, a prevalência média foi de 49% em 2009. A intensidade média de trematódeos foi de 0,58, enquanto a intensidade média de crescimento neoplásico foi de 0,18 (Tabela 5. 1).

A prevalência mínima foi de 25% registada em outubro, enquanto a prevalência máxima foi observada em agosto com 83% (Fig. 5.1). A intensidade máxima da infeção por tremátodes foi registada no mês de setembro, ou seja, 1,00, enquanto a intensidade mínima da infeção por tremátodes foi registada nos meses de abril e dezembro, ou seja, 0,33 (Fig. 5.2). A intensidade média do crescimento neoplásico também foi calculada numa base mensal, tendo o valor máximo sido registado em janeiro e fevereiro, ou seja, 0,33, enquanto em abril foi mínimo, ou seja, 0,056 (Fig. 5.3).

A análise estatística foi efectuada através de Estatística Descritiva e Medidas Descritivas, que revelaram que havia uma diferença significativa nos resultados mensais da intensidade média de trematódeos e da intensidade média do crescimento neoplásico.

ii) DADOS MENSAIS DE JANEIRO A DEZEMBRO DE 2009:

JANEIRO DE 2009:

Durante este mês foram recolhidos 65 espécimes de peixes do porto de peixe, mercado da Imperatriz e outros mercados locais, dos quais 30 peixes estavam infectados com helmintos parasitas e crescimento neoplásico (Tabela 5.1). A intensidade da infeção foi de 46% (Fig. 5.1).

Foram observados trematódeos no intestino e a intensidade média foi de 0,53 (Fig. 5.2).

De acordo com a estrutura, a mudança na pele pode ser considerada como hiperplasia epidérmica ou papilomas também observados e a intensidade foi de 0,33 (Fig. 5.3), que foi a maior taxa de infestação. A intensidade média de trematodes foi de 53% e a intensidade média de crescimento neoplásico foi de 33, que foi a intensidade média mais elevada em janeiro de 2009 (Quadro 5.1).

FEVEREIRO DE 2009:

Um total de 65 peixes foram examinados no mês de fevereiro. Destes 65 peixes, 27 estavam parasitados por helmintos (Tabela 5.1). A intensidade da infeção foi de 42% (Fig. 5.1). Os trematódeos foram recuperados do intestino e a sua intensidade foi de 0,74 (Fig. 5.2), enquanto que a ocorrência de altas taxas de tumores nos peixes e a sua intensidade foi de 0,33 (Tabela 5.1), que foi a maior taxa de infestação deste mês (Fig. 5.3). A intensidade média percentual de trematódeos foi de 74 e a intensidade média percentual de crescimento neoplásico foi de 33, que também foi a maior intensidade percentual média em fevereiro de 2009 (Tabela 5.1).

MARÇO DE 2009:

Neste mês, durante todo o período de investigação, os peixes foram recolhidos em diferentes mercados de peixe, especialmente no mercado da Imperatriz, no mercado das pescas, etc. Neste mês foram examinados 48 peixes, dos quais 18 estavam infectados (Tabela 5.1). A intensidade da infeção foi reduzida neste mês e foi de 38% (Fig. 5.1).

Foram observados trematódeos no intestino e a sua intensidade média foi de 0,56 (Fig. 5.2) e os peixes foram diagnosticados com crescimento neoplásico e a sua intensidade média foi de 0,11 (Fig. 5.3). A intensidade média percentual de trematódeos foi de 56 e a intensidade média percentual de crescimento neoplásico foi de 11 (Tabela 5.1).

ABRIL DE 2009:

Neste mês, foram examinados 35 peixes, dos quais 18 estavam infectados (quadro 5.1). A intensidade da infeção foi de 51% (Fig. 5.1). Os trematódeos também foram recuperados com uma intensidade de 0,33 (Fig. 5.2a), que foi a taxa mais baixa de infeção. A prevalência de tumores foi registada com uma intensidade de 0,056 (Fig. 5.3), que foi também a taxa de infeção mais baixa. A intensidade média de trematódeos foi de 33 e a intensidade média de crescimento neoplásico foi de 6, tendo a intensidade média mais baixa sido registada em abril de 2009 (quadro 5.1).

MAIO 2009:

Durante este mês, um total de 40 espécimes de peixes foram recolhidos de diferentes mercados de peixe, dos quais 16 estavam infectados com helmintos parasitas e crescimento neoplásico, enquanto 24 não estavam infectados (Tabela 5.1). A taxa de prevalência é de 40 % (Fig. 5.1). A intensidade média da infeção por trematódes foi de 0,5 (Fig. 5.2), enquanto que os tumores cutâneos também foram observados com uma intensidade média de 0,25 (Fig. 5.3), que foi a taxa de infeção mais elevada deste mês. A intensidade média de trematódeos foi de 50 e a intensidade média de crescimento neoplásico foi de 25 (Tabela 5.1).

JUNHO DE 2009:

Neste mês, durante todo o período de observação, os peixes foram recolhidos de diferentes mercados de peixe e examinados quanto à infeção por helmintos e crescimento neoplásico.

Durante este mês foram observados 25 peixes, dos quais 19 estavam infectados com parasitas e crescimento neoplásico, enquanto 06 peixes não estavam infectados (Tabela 5.1). A intensidade da infeção foi de 76%, que foi a segunda maior taxa de infeção de 2009 (Fig. 5.1).

Os trematódeos foram recolhidos do intestino e a sua intensidade foi de 0,842 (Fig. 5.2), que foi também a segunda maior taxa de infestação, enquanto os tumores cutâneos foram observados com uma intensidade de 0,16 (Fig. 5.3), que foi a segunda maior taxa de infestação. A intensidade média de trematódeos foi de 84, que foi a maior intensidade média no ano de 2009, e a intensidade média de crescimento neoplásico foi de 16 (Tabela 5.1).

JULHO DE 2009:

Durante este mês foram examinados 25 peixes, dos quais 13 estavam infectados e 12 estavam saudáveis (Tabela 5.1). A intensidade da infeção foi de 52%, que foi a segunda maior taxa de infestação no ano de 2009 (Fig. 5.1).

Os peixes foram infectados por trematódeos e a sua intensidade foi de 0,769 (Fig. 5.2) com crescimento neoplásico com intensidade média de 0,238 (Fig. 5.3), que foi a segunda maior taxa de infeção. A intensidade média de trematódeos foi de 77 e a intensidade média de crescimento neoplásico foi de 24 (Quadro 5.1).

AGOSTO DE 2009:

Durante este mês, foram recolhidos 65 espécimes de peixes em diferentes mercados de peixe, dos quais 54 estavam infectados e 11 estavam saudáveis (Quadro 5.1). A intensidade da infeção foi de 83% (Fig. 5.1).

Os peixes foram infectados por trematódeos e a sua intensidade foi de 0,315 (Fig. 5.2), ao passo que estes também foram infectados por crescimento neoplásico com uma intensidade média de 0,11 (Fig. 5.3), sendo também a taxa de infestação mais baixa. A intensidade média de trematódeos foi de 31 e a intensidade média de crescimento neoplásico foi de 11 (Tabela 5.1).

SETEMBRO DE 2009:

Um total de 30 peixes foram examinados no mês de setembro, dos quais 16 estavam parasitados (Tabela 5.1). A intensidade da infeção foi de 53% (Fig. 5.1). Trematódeos foram recuperados do intestino e sua intensidade foi de 1,00 (Fig. 5.2).

A prevalência de tumores tem sido consistentemente registada com uma intensidade de 0,12 (Fig. 5.3). A intensidade média de trematódeos foi de 150 e a intensidade média de crescimento neoplásico foi de 13 (Tabela 5.1).

OUTUBRO DE 2009:

Durante este mês, um total de 60 peixes foram examinados para infeção por helmintos e crescimento neoplásico, dos quais 15 foram encontrados infestados com helmintos parasitas e crescimento neoplásico (Tabela 5.1). A taxa de prevalência foi de 25% (Fig. 5.1).

17 Trematódeos foram recolhidos neste mês com a intensidade de 0,315 (Fig. 5.2) e peixes cancerosos também foram apanhados devido à água altamente poluída com a intensidade de 0,20 (Fig. 5.3). A média de intensidade de trematódeos foi de 31 e a média de intensidade de crescimento neoplásico foi de 20 (Tabela 5.1).

NOVEMBRO 2009:

Neste mês, durante todo o período de observação, os peixes foram recolhidos de diferentes mercados de peixe e examinados para infeção por helmintos e crescimento neoplásico. Neste mês foram observados 50 peixes, dos quais 28 estavam infectados com parasitas e crescimento neoplásico, enquanto 22 peixes não estavam infectados. A intensidade da infestação foi de 56% (Fig. 5.1).

Os trematodes foram recuperados do intestino e a sua intensidade foi de 0,71 (Fig. 5.2), enquanto os tumores cutâneos foram observados com uma intensidade de 0,21 (Fig. 5.3). A intensidade média de trematódeos foi de 71 e a intensidade média de crescimento neoplásico foi de 21 (Tabela 5.1)

DEZEMBRO DE 2009:

Durante todo o período de investigação deste mês, 30 peixes foram recolhidos de diferentes mercados de peixe e examinados para infeção helmíntica e crescimento neoplásico, dos quais 12 peixes estavam infestados com parasitas helmínticos e 18 estavam saudáveis (Tabela 5.1). A intensidade da infeção foi de 40%. (Fig. 5.1) Trematódeos foram observados no intestino e sua intensidade foi de 0,19 (Fig. 5.2) e crescimento neoplásico também foi observado neste mês com intensidade de 0,08 (Fig. 5.3). A intensidade média % de trematódeos foi de 33 e a intensidade média % de crescimento neoplásico foi de 8 (Tabela 5.1).

a) ANÁLISE ESTATÍSTICA DESCRITIVA DA INTENSIDADE DA INFECÇÃO POR TREMÁTODES E DO CRESCIMENTO NEOPLÁSICO EXAMINADOS DURANTE OS MESES DE JANEIRO A DEZEMBRO DE 2009:

Foram examinados 538 peixes, dos quais 266 estavam infectados com helmintas e 266 não estavam infectados, sendo que o mínimo de peixes infectados foi recolhido no mês de dezembro e o máximo no mês de agosto e a sua média foi de 22,67, S.D = 11,64± 0,7137 (Tabela 5.2).

O número de Trematódeos recolhidos de peixes infectados foi de 149, o mínimo foi registado no mês de dezembro de 2009 e o número máximo de Trematódeos no mês de novembro e a sua média foi de 12,41, S.D foi de 5,71 e S.E ± 0,468 (Tabela 5.3).

O número total de crescimento neoplásico foi de 50, o mínimo foi registado no mês de abril de 2009 e o número máximo de crescimento neoplásico foi observado no mês de janeiro e a sua média foi de 4,16, S.D = 2,92± 0,413 (Tabela 5.4).

b) INTENSIDADE COMPARATIVA DA INFECÇÃO DE TREMATÓDEOS E DO CRESCIMENTO NEOPLÁSICO EXAMINADA DURANTE OS MESES DE JANEIRO A DEZEMBRO DE 2009:

A comparação da infeção por tremátodes e do crescimento neoplásico é mostrada através de histograma, gráfico de pizza, diagrama de barras múltiplas e gráfico de linhas.

c) RESULTADOS:

A intensidade máxima de infeção foi observada no mês de agosto de 2009, com uma taxa de infestação de 83%, enquanto que a intensidade mínima foi observada no mês de outubro de 2009, com uma taxa de infestação de 25% (Fig. 5.4). A intensidade média máxima de trematódeos foi de 100% no mês de setembro e a intensidade média mínima foi de 31% no mês de agosto de 2009, e o crescimento neoplásico máximo foi de 33% no mês de janeiro e o mínimo foi de 6% no mês de abril (Quadro 5.1).

Tabela 5.1. Índice sazonal de parâmetros em peixes da costa de Karachi de janeiro a dezembro de 2009.

Mês	N.º de peixes Examinados	N.º de peixes Helmintas infectados	Taxa de Prevalência %	N.º de Trematódeos Recolhidos	Intensidade média de Trematódeos	Intensidade média % de Trematódeos	Nº total de crescimento neoplásico	Intensidade média de crescimento neoplásico	Intensidade média % de crescimento neoplásico
Jan	65	30	46%	16	0.533	53%	10	0.333	33%
Fev	65	27	42%	20	0.741	74%	9	0.333	33%
Mar	48	18	38%	10	0.556	56%	2	0.111	11%
abril	35	18	51%	6	0.333	33%	1	0.056	6%
maio	40	16	40%	8	0.500	50%	4	0.250	25%
Jun	25	19	76%	16	0.842	84%	3	0.158	16%
Jul	25	13	52%	10	0.769	77%	5	0.238	24%
agosto	65	54	83%	17	0.315	31%	4	0.111	11%
setembro	30	16	53%	16	1.000	100%	2	0.125	13%
outubro	60	15	25%	6	0.400	40%	3	0.200	20%
Nov	50	28	56%	20	0.714	71%	6	0.214	21%
Dez	30	12	40%	4	0.333	33%	1	0.083	8%
TOTAL	**538**	**266**	**49%**	**149**	**0.560**	**56%**	**50**	**2.213**	
Desvio	**11.645**		**5.712**	**0.225**		2.918	0.093		

padrão =									
Média	**22.167**	**0.502**	**12.417**	**0.586**		**4.167**	**0.184**		

Tabela 5.2. Análise Estatística dos Peixes Infectados com Helmintos Parasitas no Ano de 2009

Análise estatística descritiva

	N	**Mínimo**	**Máximo**	**Média**	**Desvio Std. Desvio**	**Erro Std**
N.º de peixes infectados com helmintas parasitas	266	12	54	22.67	11.64	0.7137

Tabela 5.3. Análise estatística dos Trematódeos recolhidos de peixes infectados no ano de 2009

Análise estatística descritiva

	N	**Mínimo**	**Máximo**	**Média**	**Desvio Std. Desvio**	**Erro Std**
N.º total de Trematódeos recolhidos	149	4	20	12.41	5.712	0.468

Tabela 5.4. Análise estatística do crescimento neoplásico recolhido de peixes infectados no ano de 2009

Análise estatística descritiva

	N	**Mínimo**	**Máximo**	**Média**	**Desvio Std. Desvio**	**Erro Std**
Nº total de crescimento neoplásico	50	1	10	4.16	2.92	0.413

Fig. 5.1. Prevalence Rate % of fishes infected with Helminths parasites in the Year 2009

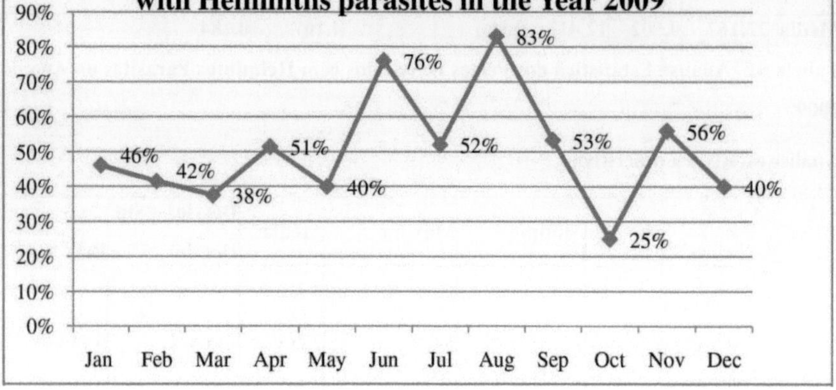

Fig. 5.2. Mean intensity of Trematodes in the Year 2009

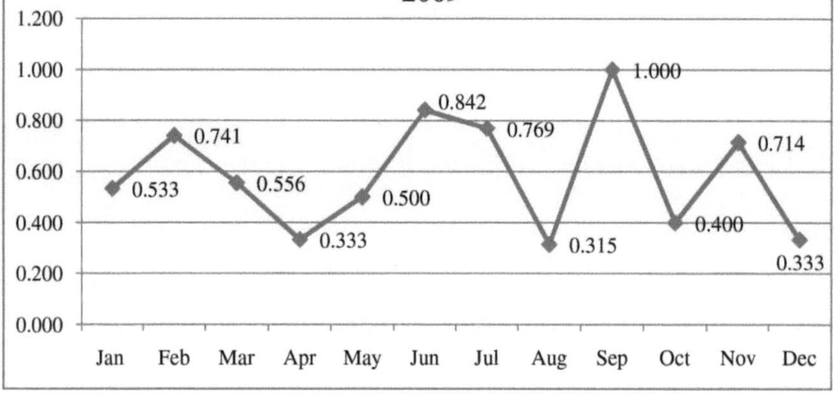

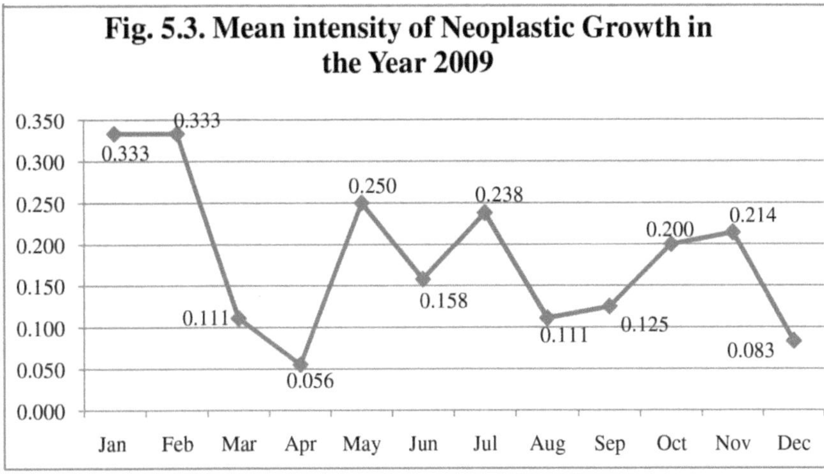

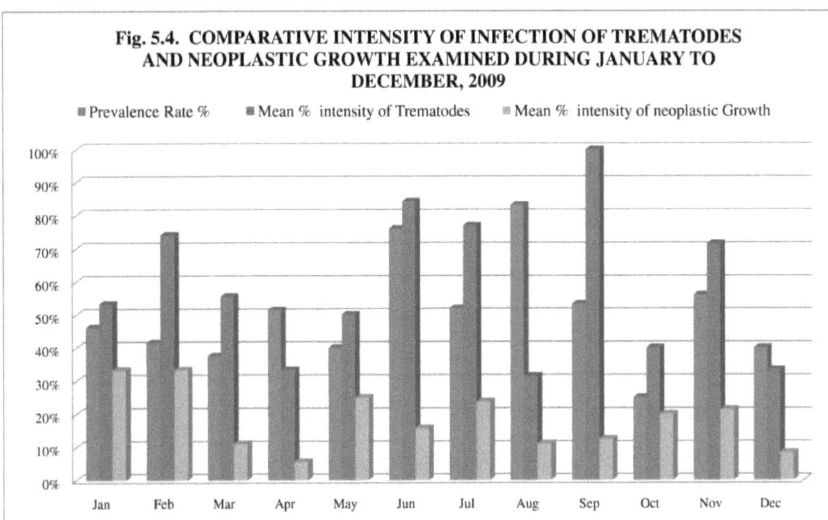

iii) INFESTAÇÃO SAZONAL DE TREMÁTODES E CRESCIMENTO NEOPLÁSICO NO ANO DE 2010:

Os dados da infeção global e de cada ano separadamente foram analisados estatisticamente quanto à variação sazonal dos trematodes e do crescimento neoplásico.

Relativamente à incidência anual, a prevalência média foi de 50% em 2010. A intensidade média de trematódeos foi de 0,39, enquanto a intensidade média de

crescimento neoplásico foi de 0,12 (Tabela 5.5).

A prevalência mínima foi de 31% registada em janeiro, enquanto a prevalência máxima foi observada em junho com 76% (Fig. 5.5). A intensidade máxima da infeção por trematódes foi registada no mês de setembro, ou seja, 0,83, enquanto a intensidade mínima da infeção por trematódes foi registada no mês de outubro, ou seja, 0,18 (Fig. 5.6). O crescimento neoplásico também foi calculado mensalmente, o valor máximo registado em fevereiro foi de 0,25 e o mínimo em dezembro foi de 0,031 (Fig. 5.7).

A análise estatística foi efectuada através da Estatística Descritiva e de Medidas Descritivas, tendo-se verificado que existiam diferenças significativas nos resultados mensais da intensidade média dos trematódes e da intensidade média do crescimento neoplásico.

iv) DADOS MENSAIS DE JANEIRO A DEZEMBRO DE 2010:

JANEIRO DE 2010:

Durante este mês um total de 80 espécimes de peixes foram recolhidos do porto de peixes, mercado da Imperatriz e outros mercados locais, dos quais 25 peixes foram encontrados infectados com parasitas helmintos e crescimento neoplásico (Tabela 5.5). A intensidade da infeção foi de 31% (Fig. 5.6). Também foi observado crescimento neoplásico.

Foram observados trematódeos no intestino e a intensidade média foi de 0,40 (Fig. 5.6), que foi a taxa mais baixa de infestação.

De acordo com as alterações estruturais na pele, podem ser consideradas como hiperplasia epidérmica ou papilomas e a intensidade foi de 0,27 (Fig. 5.7). A percentagem média de intensidade dos trematódes foi de 40 e a percentagem média de intensidade do crescimento neoplásico foi de 24, que foi a segunda maior percentagem média de intensidade em janeiro de 2010 (Tabela 5.5).

FEVEREIRO 2010:

Um total de 100 peixes foram examinados no mês de fevereiro. Destes 100 peixes,

60 estavam parasitados por helmintos (Tabela 5.5). A intensidade da infeção foi de 60% (Fig. 5.5). Os trematódeos foram recuperados do intestino e a sua intensidade foi de 0,42 (Fig. 5.6), enquanto que a ocorrência de altas taxas de tumores nos peixes e a sua intensidade foi de 0,25 (Tabela 5.5), que foi a maior taxa de infestação deste mês (Fig. 5.7). A intensidade média percentual de trematódeos foi de 42 e a intensidade média percentual de crescimento neoplásico foi de 25, que foi a maior intensidade percentual média no ano de 2010 (Tabela 5.5).

MARÇO DE 2010:

Neste mês, os peixes foram recolhidos em diferentes mercados de peixe, especialmente o mercado da Imperatriz, pesqueiros, etc. Neste mês foram examinados 60 peixes, dos quais 20 estavam infectados (Tabela 5.5). A intensidade da infeção diminuiu neste mês, sendo de 33% (Fig. 5.5).

Foram observados trematódeos no intestino e a sua intensidade média foi de 0,40 (Fig. 5.6) e os peixes foram diagnosticados com crescimento neoplásico e a sua intensidade média foi de 0,15 (Fig. 5.7). A intensidade média % de trematódeos foi de 40 e a intensidade média % de crescimento neoplásico foi de 15 em março de 2010 (Tabela 5.5).

ABRIL 2010:

Neste mês, foram examinados 40 peixes, dos quais 13 estavam infectados (quadro 5.5). A intensidade da infeção baixou neste mês, sendo de 33% (Fig. 5.5). Os trematódeos também foram recuperados com uma intensidade de 0,38 (Fig. 5.6). A prevalência de tumores foi registada com uma intensidade de 0,083, que foi a taxa de infeção mais baixa (Fig. 5.7). A intensidade percentual média de trematódeos foi de 38 e a intensidade percentual média de crescimento neoplásico foi de 8 em abril de 2010 (Tabela 5.5).

MAIO 2010:

Durante este mês, um total de 50 espécimes de peixes foram recolhidos de diferentes mercados de peixe, dos quais 19 estavam infectados com helmintos parasitas e crescimento neoplásico, enquanto 31 não estavam infectados (Tabela 5.5). A taxa de prevalência é de 38% (Fig. 5.5). A intensidade média da infeção por tremátodes foi de 0,42 (Fig. 5.6), enquanto que os tumores cutâneos também foram observados com uma intensidade média de 0,105 (Fig. 5.7). A intensidade média % de trematódeos foi de 42 e a intensidade média % de crescimento neoplásico foi de 11 em maio de 2010 (Tabela 5.5).

JUNHO DE 2010:

Neste mês, os peixes foram recolhidos em diferentes mercados de peixe e examinados para detetar a infeção por helmintos e o crescimento neoplásico.

Neste mês foram observados 70 peixes, dos quais 53 estavam infectados com parasitas e crescimento neoplásico, enquanto 17 peixes não estavam infectados (Tabela 5.5). A intensidade da infeção foi de 76%, que foi a maior taxa de infeção do ano 2010 (Fig. 5.5).

Os trematódeos foram recolhidos do intestino e a sua intensidade foi de 0,45 (Fig. 5.6), que foi a segunda maior taxa de infestação, enquanto os tumores cutâneos foram observados com uma intensidade de 0,125 (Fig. 5.7), que foi a segunda maior taxa de infestação. A intensidade média percentual de trematódeos foi de 45, que foi a segunda maior intensidade média percentual no ano de 2010, e a intensidade média percentual de crescimento neoplásico foi de 13 em junho de 2010 (Tabela 5.5).

JULHO DE 2010:

Durante este mês foram examinados 40 peixes, dos quais 29 estavam infectados e 11 estavam saudáveis (Tabela 5.5). A intensidade da infeção foi de 73%, que foi a segunda maior taxa de infestação (Fig. 5.5).

Os peixes foram infectados por trematódeos e a sua intensidade foi de 0,41 (Fig. 5.6) e também por crescimento neoplásico com uma intensidade média de 0,207 (Fig. 5.7). A intensidade média % de trematódeos foi de 41 e a intensidade média

% de crescimento neoplásico foi de 21 em julho de 2010 (Tabela 5.5).

AGOSTO 2010:

Durante este mês, foi recolhido um total de 60 espécimes de peixes em diferentes mercados de peixe, dos quais 22 estavam infectados e 38 estavam saudáveis (Quadro 5.5). A intensidade da infeção foi de 37% (Fig. 5.5).

Os peixes foram infectados por trematódeos e a sua intensidade foi de 0,45 (Fig. 5.6), enquanto que estes também foram infectados por crescimento neoplásico com uma intensidade média de 0,045 (Fig. 5.7). A intensidade média percentual de trematódeos foi de 45 e a intensidade média percentual de crescimento neoplásico foi de 5 no ano de 2010, sendo a segunda maior intensidade percentual média em agosto de 2010 (Tabela 5.5).

SETEMBRO DE 2010:

Um total de 35 peixes foram examinados no mês de setembro, dos quais 18 estavam parasitados (Tabela 5.5). A intensidade da infeção foi de 51% (Fig. 5.5). Trematódeos foram recuperados do intestino e sua intensidade foi de 0,83 (Fig. 5.6).

A prevalência de tumores tem sido consistentemente registada com uma intensidade de 0,11 (Fig. 5.7). A intensidade média % de trematódeos foi de 83, que foi a intensidade média mais elevada, e a intensidade média % de crescimento neoplásico foi de 11 em setembro de 2010 (Tabela 5.5).

OUTUBRO 2010:

Durante este mês, um total de 80 peixes foram examinados para infeção por helmintos e crescimento neoplásico, dos quais 40 foram encontrados infestados com parasitas helmintos e crescimento neoplásico (Tabela 5.5). A taxa de prevalência foi de 50% (Fig. 5.5).

Trematódeos também foram registados neste mês com a intensidade de 0,18 (Fig. 5.6) e peixes cancerosos também foram recolhidos de águas altamente poluídas com a intensidade de 0,03 (Fig. 5.7). A intensidade média percentual de trematódeos foi de 18, que foi a segunda menor intensidade percentual no ano de 2010, e a intensidade média percentual de crescimento neoplásico foi de 3, que foi a menor intensidade percentual de neoplásicos em outubro de 2010 (Tabela 5.5).

NOVEMBRO 2010:

Neste mês, durante todo o período de observação, os peixes foram coletados em diferentes mercados de peixe e examinados para infeção por helmintos e crescimento neoplásico. Neste mês, 70 peixes foram observados, dos quais 40 estavam infectados com parasitas e crescimento neoplásico (Tabela 5.5), enquanto 30 peixes não estavam infectados. A intensidade da infestação foi de 57% (Fig. 5.5).

Os trematódeos foram recuperados do intestino e a sua intensidade foi de 0,45 (Fig. 5.6), enquanto os tumores cutâneos foram observados com uma intensidade de 0,075 (Fig. 5.7). A intensidade média percentual de trematódeos foi de 23 e a intensidade média percentual de crescimento neoplásico foi de 8 em novembro de 2010 (Tabela 5.5).

DEZEMBRO 2010:

Durante todo o período de investigação de dezembro de 2010, 60 peixes foram recolhidos de diferentes mercados de peixe e examinados para infeção helmíntica e crescimento neoplásico, dos quais 32 peixes estavam infestados com parasitas helmínticos enquanto 28 estavam saudáveis (Tabela 5.5). A intensidade da infeção foi de 53% (Fig. 5.5). Trematódeos foram observados no intestino e sua intensidade foi de 0,19 (Fig. 5.6) e crescimento neoplásico também foi observado neste mês com intensidade de 0,03 (Fig. 5.7). A intensidade média percentual de trematódeos foi de 19 e a intensidade média percentual de crescimento neoplásico foi de 3, que foi também a intensidade média percentual mais baixa de crescimento neoplásico em dezembro de 2010 (Tabela 5.5).

a) ANÁLISE ESTATÍSTICA DESCRITIVA DA INTENSIDADE DA

INFECÇÃO DE TREMÁTODES E DO CRESCIMENTO NEOPLÁSICO EXAMINADOS DURANTE O PERÍODO DE JANEIRO DE 2010 A DEZEMBRO DE 2010:

Foram examinados um total de 745 peixes, dos quais 371 estavam infectados com helmintas e 374 não estavam infectados, sendo o mínimo de peixes infectados recolhidos no mês de janeiro e o máximo no mês de fevereiro, S.D =14.67± 0.762 (Tabela 5.6).

O número de Trematódeos recolhidos de peixes infectados foi de 139, o mínimo foi registado no mês de abril e o número máximo de Trematódeos no mês de fevereiro e a sua média foi de 11,59, S.D = 6,598± 0,56 (Tabela 5.7).

O número total de crescimento neoplásico foi de 45, o mínimo foi registado nos meses de abril, agosto e dezembro e o número máximo de crescimento neoplásico no mês de fevereiro e a sua média foi de 3,75, S.D = 3,934± 0,586 (Tabela 5.8).

b) INTENSIDADE COMPARATIVA DA INFECÇÃO POR TREMÁTODES E DO CRESCIMENTO NEOPLÁSICO EXAMINADA DURANTE OS MESES DE JANEIRO A DEZEMBRO DE 2010:

A comparação da infeção por tremátodes e do crescimento neoplásico é mostrada através de histograma, gráfico de pizza, diagrama de barras múltiplas e gráfico de linhas.

c) RESULTADOS:

A intensidade máxima de infeção foi observada no mês de junho, com uma taxa de infestação de 76%, enquanto que a intensidade mínima foi observada no mês de janeiro, com uma taxa de infestação de 31% (Fig. 5.8). A intensidade média máxima de trematódeos foi de 83% no mês de setembro e a intensidade média mínima foi de 19% no mês de dezembro, e o crescimento neoplásico máximo foi de 25% no mês de fevereiro e o mínimo foi de 3% no mês de dezembro (Tabela 5.5).

Tabela 5.5. Índice sazonal de parâmetros em peixes da costa de Karachi de

janeiro a dezembro de 2010

Mês	N.º de peixes examinados	N.º de peixes infectados com helmintas	Prevalência com taxa %	N.º de Trematódeos recolhidos	Intensidade média de Trematódeos	Intensidade média de Trematódeos	N.º total de crescimento neoplásico	Intensidade média do crescimento neoplásico	Intensidade média % de crescimento neoplásico
Jan	80	25	31%	10	0.40	40%	6	0.240	24%
Fev	100	60	60%	25	0.42	42%	15	0.250	25%
Mar	60	20	33%	8	0.40	40%	3	0.150	15%
abril	40	13	33%	5	0.38	38%	1	0.083	8%
maio	50	19	38%	8	0.42	42%	2	0.105	11%
Jun	70	53	76%	24	0.45	45%	3	0.125	13%
Jul	40	29	73%	12	0.41	41%	6	0.207	21%
agosto	60	22	37%	10	0.45	45%	1	0.045	5%
setembro	35	18	51%	15	0.83	83%	2	0.111	11%
outubro	80	40	50%	7	0.18	18%	2	0.033	3%
Nov	70	40	57%	9	0.23	23%	3	0.075	8%
Dez	60	32	53%	6	0.19	19%	1	0.031	3%
TOTAL	**745**	**371**	**50%**	**139**	**0.375**	**37%**	**45**	**0.125**	**12%**
St. Dev. =		**14.669**	**0.153**	**6.598**	**0.171**		**3.934**	**0.076**	
Média		**30.917**	**0.493**	**11.583**	**0.397**		**3.750**	**0.121**	

Tabela 5.6. Análise Estatística dos Peixes infectados com Helmintos Parasitas recolhidos de Peixes infectados no ano de 2010

Análise estatística descritiva

	N	Mínimo	Máximo	Média	Desvio Std. Desvio	Erro Std.
N.º de peixes infectados com parasitas Helminthes	371	25	60	30.91	14.67	0.762

Tabela 5.7. Análise estatística dos Trematódeos recolhidos de peixes infectados no ano de 2010

Análise estatística descritiva

	N	Mínimo	Máximo	Média	Desvio Std. Desvio	Erro Std.
N.º total de	139	5	25	11.59	6.60	0.56

Trematódeos recolhidos						

Tabela 5.8. Análise estatística do crescimento neoplásico recolhido de peixes infectados no ano de 2010 <u>**Análise estatística descritiva**</u>

	N	Mínimo	Máximo	Média	Desvio Std. Desvio	Erro Std.
N° total de crescimento neoplásico	45	1	15	3.75	3.934	0.586

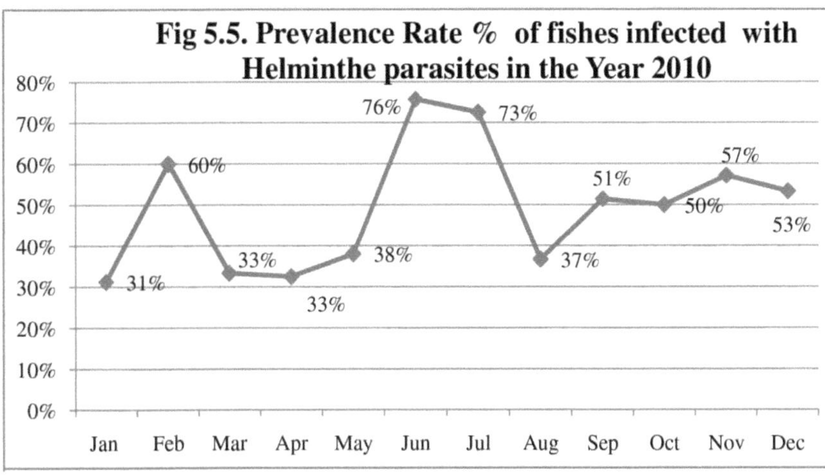

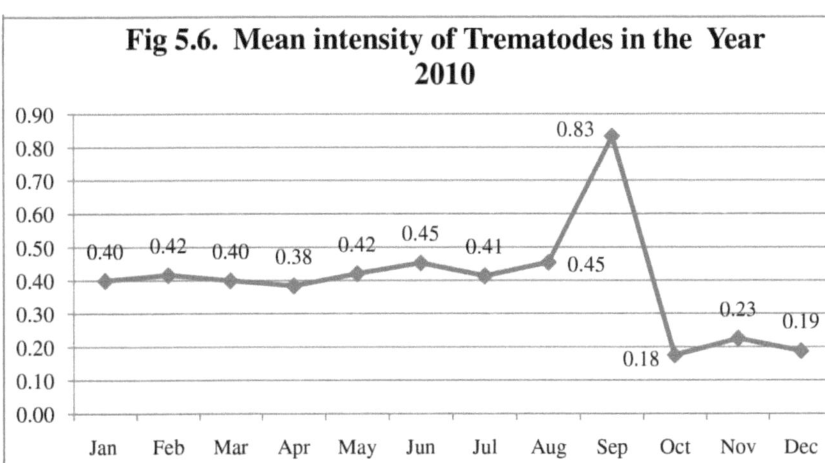

Fig 5.7. Mean intensity of Neoplastic Growth in the Year 2010

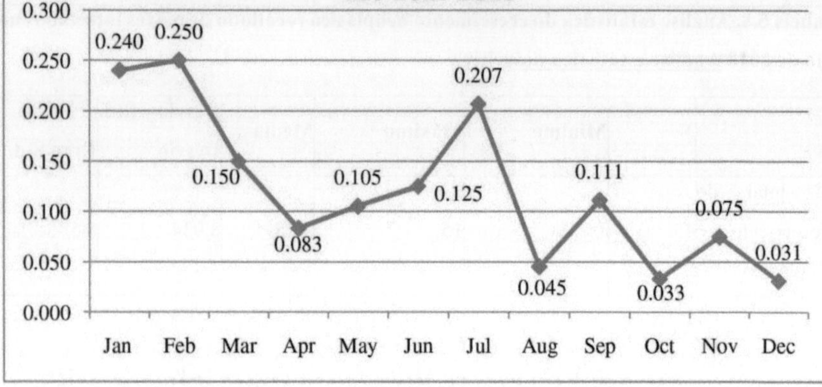

Fig 5.8. COMPARATIVE INTENSITY OF INFECTION OF TREMATODES AND NEOPLASTIC GROWTH EXAMINED DURING JANUARY TO DECEMBER, 2010

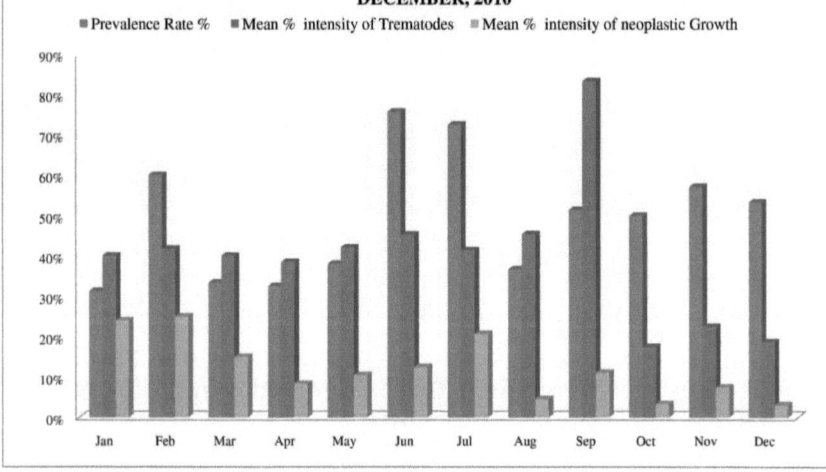

v) INFESTAÇÃO SAZONAL DE TREMÁTODES E CRESCIMENTO NEOPLÁSICO DE 2011:

Os dados da infeção global e de cada ano separadamente foram analisados estatisticamente quanto à variação sazonal dos tremátodes e do crescimento neoplásico.

Relativamente à incidência anual, a prevalência média foi de 63% em 2011. A intensidade média de trematódeos foi de 0,626, enquanto a intensidade média de

crescimento neoplásico foi de 0,235 (Tabela 5.9).

A prevalência mínima foi de 25% registada em março, enquanto a prevalência máxima foi observada em julho com 82% (Fig. 5.9). A intensidade máxima da infeção por trematodes registada no mês de fevereiro foi de 0,885, enquanto a intensidade mínima da infeção por trematodes registada no mês de janeiro foi de 0,40 (Fig. 5.10). O crescimento neoplásico também foi calculado mensalmente, o valor máximo registado em fevereiro foi de 0,50, enquanto que em abril o valor mínimo foi de 0,07 (Fig. 5.11)

A análise estatística foi efectuada através da Estatística Descritiva e de Medidas Descritivas, tendo-se verificado que existiam diferenças significativas nos resultados mensais da intensidade média dos trematodes, bem como da intensidade média do crescimento neoplásico.

vi) DADOS MENSAIS DE JANEIRO A DEZEMBRO DE 2011:

JANEIRO DE 2011:

Durante este mês, um total de 43 espécimes de peixes foram coletados no porto de peixes, mercado da Imperatriz e outros mercados locais, dos quais 20 peixes foram encontrados infectados com helmintos parasitas e crescimento neoplásico (Tabela 5.9). A intensidade da infeção foi de 47% (Fig. 5.9). O crescimento neoplásico também foi registado.

Foram observados trematódeos no intestino e a intensidade média registada foi de 0,40 (Fig. 5.10), que foi a taxa mais baixa de infestação.

De acordo com a alteração da estrutura da pele, pode ser considerada como hiperplasia epidérmica ou papilomas e a intensidade foi de 0,300 (Fig. 5.11). A intensidade média percentual de trematódeos foi de 40, que foi a intensidade média percentual mais baixa no ano de 2011, e a intensidade média percentual de crescimento neoplásico foi de 30 em janeiro de 2011 (Tabela 5.9).

FEVEREIRO 2011:

Um total de 50 peixes foram examinados no mês de fevereiro. Destes 50 peixes,

26 estavam parasitados por helmintos (Tabela 5.9). A intensidade da infeção foi de 52% (Fig. 5.9). Os trematódeos foram recuperados do intestino e a sua intensidade foi de 0,885 (Fig. 5.10), enquanto que a ocorrência de tumores aumentou nos peixes e a sua intensidade foi de 0,5 (Fig. 5.11), que foi a maior taxa de infestação deste mês (Tabela 5.9). A intensidade média percentual de trematódeos foi de 88, sendo a maior intensidade média percentual no ano de 2011, e a intensidade média percentual de crescimento neoplásico foi de 50, sendo também a maior intensidade média percentual em fevereiro de 2011 (Tabela 5.9).

MARÇO DE 2011:

Neste mês, durante todo o período de investigação, os peixes foram recolhidos em diferentes mercados de peixe, especialmente o mercado da Imperatriz, pesqueiros, etc. Neste mês foram examinados 60 peixes, dos quais 15 estavam infectados (Tabela 5.9). A intensidade da infeção diminuiu neste mês e foi de 25% (Fig. 5.9).

Foram observados trematódeos no intestino e a sua intensidade média foi de 0,67 (Fig. 5.10) e os peixes foram diagnosticados com crescimento neoplásico e a sua intensidade média foi de 0,267 (Fig. 5.11). A intensidade média percentual de trematódeos foi de 67 e a intensidade média percentual de crescimento neoplásico foi de 27 em março de 2011 (Tabela 5.9).

ABRIL 2011:

Neste mês, foram examinados 20 peixes, dos quais 8 estavam infectados (quadro 5.9). A intensidade da infeção foi de 40 % (Fig. 5.9). Os trematódeos foram recuperados com uma intensidade de 0,625 (Fig. 5.10). A prevalência de tumores também foi registada com uma intensidade de 0,125 (Fig. 5.11), que foi a taxa de infeção mais baixa. A intensidade média % de trematódeos foi de 63 e a intensidade média % de crescimento neoplásico foi de 13 em abril de 2011 (Tabela 5.9).

MAIO 2011:

Durante este mês, um total de 35 espécimes de peixes foram recolhidos de diferentes mercados de peixe, dos quais 18 estavam infectados com helmintos parasitas e crescimento neoplásico, enquanto 17 não estavam infectados (Tabela 5.9). A taxa de prevalência é de 51% (Fig. 5.9). A intensidade média da infeção por tremátodes foi de 0,5 (Fig. 5.10), enquanto que os tumores cutâneos também foram observados com uma intensidade média de 0,167 (Fig. 5.11). A intensidade média de trematodes foi de 50 e a intensidade média de crescimento neoplásico foi de 17 em maio de 2011 (Tabela 5.9).

JUNHO DE 2011:

Neste mês, durante todo o período de observação, os peixes foram recolhidos de diferentes mercados de peixe e examinados quanto à infeção por helmintos e crescimento neoplásico.

Neste mês, foram observados 66 peixes, dos quais 54 estavam infectados com parasitas e crescimento neoplásico, enquanto 12 peixes não estavam infectados (Tabela 5.9). A intensidade da infeção foi de 82%, que foi a maior taxa de infeção de 2011 (Fig. 5.9).

Os trematódeos foram recolhidos do intestino e a sua intensidade foi de 0,704 (Fig. 5.10), que foi a taxa mais elevada de infestação, enquanto os tumores cutâneos observados tiveram uma intensidade de 0,278 (Fig. 5.11), que foi a segunda taxa mais elevada de infestação. A intensidade média % de trematódeos foi de 70 e a intensidade média % de crescimento neoplásico foi de 28 em junho de 2011 (Tabela 5.9).

JULHO DE 2011:

Neste mês foram examinados 60 peixes, dos quais 42 estavam infectados, enquanto 12 estavam saudáveis (Tabela 5.9). A intensidade da infeção foi de 70% (Fig. 5.9), que foi a segunda maior taxa de infestação.

Os peixes foram infectados por trematódeos e a sua intensidade foi de 0,619 (Fig. 5.10), juntamente com o crescimento neoplásico com uma intensidade média de 0,071 (Fig. 5.11). A intensidade média % de trematódeos foi de 62 e a intensidade média % de crescimento neoplásico foi de 7, sendo a percentagem média de intensidade mais baixa em julho de 2011 (Tabela 5.9).

AGOSTO 2011:

Durante este mês, foram recolhidos 21 espécimes de peixes em diferentes mercados de peixe, dos quais 14 estavam infectados e 8 estavam saudáveis (Quadro 5.9). A intensidade da infeção foi de 67% (Fig. 5.9).

Os peixes foram infectados por trematódeos e a sua intensidade foi de 0,71 (Fig. 5.10), enquanto estes também foram infectados por crescimento neoplásico com uma intensidade média de 0,14 (Fig. 5.11). A intensidade média % de trematódeos foi de 71 e a intensidade média % de crescimento neoplásico foi de 14 em agosto de 2011 (Tabela 5.9).

SETEMBRO DE 2011:

Um total de 45 peixes foram examinados no mês de setembro, destes 25 peixes foram encontrados parasitados (Tabela 5.9). A intensidade da infeção foi de 56% (Fig. 5.9). Trematódeos foram recuperados do intestino e sua intensidade foi de 0,72 (Fig. 5.10).

A prevalência de tumores tem sido consistentemente registada com uma intensidade de 0,2 (Fig. 5.11). A intensidade média de trematódeos foi de 72 e a intensidade média de crescimento neoplásico foi de 20, em setembro de 2011 (Tabela 5.9).

OUTUBRO 2011:

Durante este mês, um total de 60 peixes foram examinados para infeção por helmintos e crescimento neoplásico, dos quais 27 foram encontrados infestados com parasitas helmintos e crescimento neoplásico (Tabela 5.9). A taxa de prevalência foi de 45% (Fig. 5.9).

17 Trematódeos foram recolhidos neste mês com uma intensidade de 0,63 (Fig. 5.10) e peixes cancerosos foram registados em águas fortemente poluídas com uma intensidade de 0,2 (Fig. 5.11). A intensidade média percentual de

trematódeos foi de 63 e a intensidade média percentual de crescimento neoplásico foi de 26, sendo esta a intensidade média percentual mais baixa em outubro de 2011 (Tabela 5.9).

NOVEMBRO 2011:

Neste mês foram observados 54 peixes, dos quais 29 estavam infectados com parasitas e crescimento neoplásico (Tabela 5.9) enquanto 25 peixes não estavam infectados. A intensidade da infestação foi de 54% (Fig. 5.9).

Os trematódeos foram recuperados do intestino e a sua intensidade foi de 0,41 (Fig. 5.10), enquanto os tumores cutâneos foram observados com uma intensidade de 0,14 (Fig. 5.11). A intensidade média percentual de trematódeos foi de 41 e a intensidade média percentual de crescimento neoplásico foi de 14, sendo esta a intensidade média percentual mais baixa em novembro de 2011 (Tabela 5.9).

DEZEMBRO 2011:

Durante todo o período de investigação deste mês, 20 peixes foram recolhidos de diferentes mercados de peixe e examinados para infeção helmíntica e crescimento neoplásico, dos quais 11 peixes estavam infestados com parasitas helmínticos enquanto 9 estavam saudáveis (Tabela 5.9). A intensidade da infeção foi de 55% (Fig. 5.9). Trematódeos foram observados no intestino e sua intensidade foi de 0,64 (Fig. 5.10) e crescimento neoplásico também foi observado neste mês com intensidade de 0,27 (Fig. 5.11). A intensidade média percentual de trematódeos foi de 64 e a intensidade média percentual de crescimento neoplásico foi de 27, sendo a menor intensidade percentual média em dezembro de 2011 (Tabela 5.9).

a) ANÁLISE ESTATÍSTICA DESCRITIVA DA INTENSIDADE DA INFECÇÃO DE TREMÁTODES E DO CRESCIMENTO NEOPLÁSICO EXAMINADOS DURANTE O PERÍODO DE JANEIRO DE 2011 A DEZEMBRO DE 2011:

Foram examinados 534 peixes, dos quais 289 estavam infectados com helmintas e 245 não estavam infectados, sendo que o mínimo de peixes infectados foi recolhido no mês de abril e o máximo no mês de junho e a sua média foi de 24,08, S.D= 13,21± 0,777 (Tabela 5.10).

O número de Trematódeos recolhidos de peixes infectados foi de 183, o mínimo foi registado no mês de abril de 2011 e o número máximo de Trematódeos no mês de junho e a sua média foi de 15,25, S.D = 9,697± 0,717 (Tabela 5.11).

O número total de crescimento neoplásico foi de 66, o mínimo foi registado no mês de abril de 2011 e o número máximo de crescimento neoplásico no mês de junho e a sua média foi de 5,5, desvio padrão = 4,317 ±0,531 (Tabela 5.12).

b) INTENSIDADE COMPARATIVA DA INFECÇÃO DE TREMATÓDEOS E DO CRESCIMENTO NEOPLÁSICO EXAMINADA DURANTE OS MESES DE JANEIRO A DEZEMBRO DE 2011:

A comparação da infeção por trematódes e do crescimento neoplásico é apresentada através de histograma, gráfico de pizza, diagrama de barras múltiplo e gráfico de linhas.

c) RESULTADOS:

A intensidade máxima de infeção foi observada no mês de junho de 2011, com uma taxa de infestação de 82%, enquanto a intensidade mínima foi observada no mês de abril de 2011, com uma taxa de infestação de 40% (Fig. 5.12). A intensidade média máxima de trematódeos foi de 88% no mês de fevereiro e a intensidade média mínima foi de 40% no mês de janeiro de 2011, e o crescimento neoplásico máximo foi de 50% no mês de fevereiro e o mínimo foi de 7% no mês de julho (Tabela 5.9)

Tabela 5.9. Índice sazonal de parâmetros em peixes da costa de Karachi de janeiro a dezembro de 2011

Mês	N.º de peixes examinados	N.º de peixes infectados com helmintas parasitas	Taxa de Prevalência %	N.º de Trematódeos recolhidos	Intensidade média de Trematódeos	Intensidade média de Trematódeos	N.º total de crescimento neoplásico	Intensidade média do crescimento neoplásico	Intensidade média % de crescimento neoplásico

Jan	43	20	47%	8	0.400	40%	6	0.300	30%
Fev	50	26	52%	23	0.885	88%	13	0.500	50%
Mar	60	15	25%	10	0.667	67%	4	0.267	27%
abril	20	8	40%	5	0.625	63%	1	0.125	13%
maio	35	18	51%	9	0.500	50%	3	0.167	17%
Jun	66	54	82%	38	0.704	70%	15	0.278	28%
Jul	60	42	70%	26	0.619	62%	3	0.071	7%
agosto	21	14	67%	10	0.714	71%	2	0.143	14%
setembro	45	25	56%	18	0.720	72%	5	0.200	20%
outubro	60	27	45%	17	0.630	63%	7	0.259	26%
Nov	54	29	54%	12	0.414	41%	4	0.138	14%
Dez	20	11	55%	7	0.636	64%	3	0.273	27%
TOTAL	**534**	**289**		**183**	**0.633**	**63%**	**66**	**0.247**	**25%**
Taxa de prevalência			63%						
St. Dev. =		**13.215**		**9.697**	**0.136**		**4.317**	**0.108**	
Média		**24.083**		**15.250**	**0.626**		**5.500**	**0.235**	

Tabela 5.10. Análise Estatística de Peixes infectados com Helmintos Parasitas recolhidos de Peixes infectados no ano de 2011

Análise estatística descritiva

	N	**Mínimo**	**Máximo**	**Média**	**Desvio Std. Desvio**	**Erro Std.**
N.º de peixes infectados com parasitas Helminthes	289	8	54	24.08	13.21	0.777

Tabela 5.11. Análise estatística dos Trematódeos recolhidos de peixes infectados no ano de 2011

Análise estatística descritiva

	N	**Mínimo**	**Máximo**	**Média**	**Desvio Std. Desvio**	**Erro Std.**
N.º total de Trematódeos recolhidos	183	5	38	15.25	9.697	0.717

Tabela 5.12. Análise estatística do crescimento neoplásico recolhido de peixes infectados no ano de 2011

<u>Análise estatística descritiva</u>

	N	Mínimo	Máximo	Média	Desvio Std. Desvio	Erro Std.
Nº total de crescimento neoplásico	66	1	15	5.5	4.317	0.531

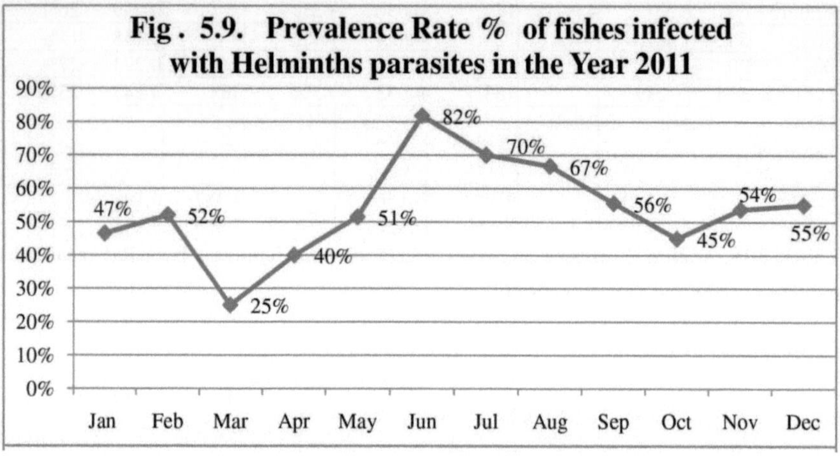

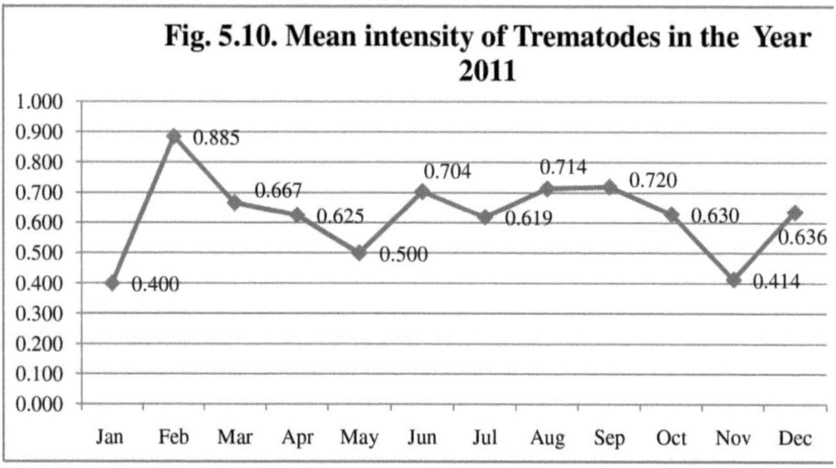

Fig. 5.11. Mean intensity of Neoplastic Growth in the Year 2011

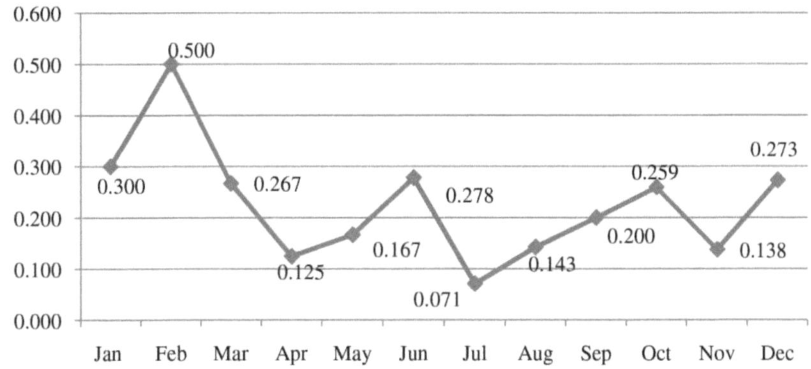

Fig. 5.12 : COMPARATIVE INTENSITY OF INFECTION OF TREMATODES AND NEOPLASTIC GROWTH EXAMINED DURING JANUARY TO DECEMBER, 2011

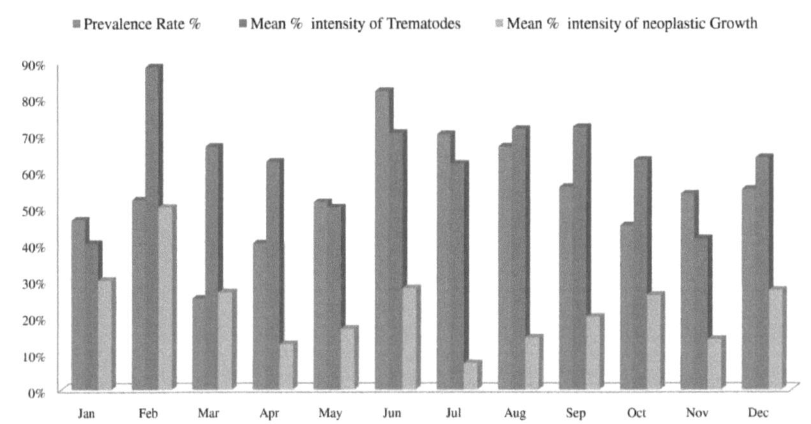

vii) INFESTAÇÃO SAZONAL DE TREMATODOS E CRESCIMENTO NEOPLÁSTICO NO ANO DE 2012:

Os dados da infeção global e de cada ano separadamente foram analisados estatisticamente quanto à variação sazonal dos tremátodes e do crescimento neoplásico.

Relativamente à incidência anual, a prevalência média foi de 45% em 2012. A intensidade média de trematódeos foi de 0,557, enquanto a intensidade média de

crescimento neoplásico foi de 0,169 (Tabela 5.13).

A prevalência mínima foi de 29% registada em janeiro, enquanto a prevalência máxima foi observada em julho, com 75% (Fig. 5.13). A intensidade máxima da infeção por tremátodes foi registada no mês de agosto, ou seja, 0,88, enquanto a intensidade mínima da infeção por tremátodes foi registada no mês de dezembro, ou seja, 0,07 (Fig. 5.14). O crescimento neoplásico também foi calculado mensalmente, tendo o valor máximo sido registado em fevereiro, ou seja, 0,41, enquanto que no mês de maio foi mínimo, ou seja, 0,056 (Fig. 5.15).

A análise estatística foi efectuada através da Estatística Descritiva e de Medidas Descritivas, tendo-se verificado que existiam diferenças significativas nos resultados mensais da intensidade média dos tremátodes e da intensidade média do crescimento neoplásico.

viii) DADOS MENSAIS DE JANEIRO A DEZEMBRO DE 2012:

JANEIRO DE 2012:

Durante este mês foram coletados 45 espécimes de peixes no porto de peixes, mercado da Imperatriz e outros mercados locais, dos quais 13 peixes estavam infectados com helmintos parasitas e crescimento neoplásico (Tabela 5.13). A intensidade da infeção foi reduzida neste mês em 29% (Fig. 5.14). O crescimento neoplásico também foi observado.

Foram observados trematódeos no intestino e a intensidade média foi de 0,31 (Fig. 5.13), que foi a taxa mais baixa de infestação.

A alteração estrutural na pele foi a hiperplasia epidérmica ou papilomas e a intensidade foi de 0,462 (Fig. 5.15) de trematódeos foi de 31 e a intensidade média de % de crescimento neoplásico foi de 46, que foi a intensidade média percentual mais elevada em janeiro de 2012 (Tabela 5.13).

FEVEREIRO DE 2012:

Um total de 60 peixes foram examinados durante este mês de fevereiro, destes 60 peixes 29 foram encontrados parasitados por helmintos (Tabela 5.13). A intensidade da infeção foi de 48% (Fig. 5.13). Os trematódeos foram recuperados do intestino e a sua intensidade foi de 0,83 (Fig. 5.14), que foi a segunda maior taxa de infeção, enquanto que a ocorrência de altas taxas de tumores nos peixes e a sua intensidade foi de 0,41, que foi a maior taxa de infestação deste mês (Fig. 5.15). A intensidade média % de trematódeos foi de 83, que foi a segunda maior intensidade média percentual e a intensidade média % de crescimento neoplásico foi de 41, que também foi a segunda maior intensidade média percentual em fevereiro de 2012 (Tabela 5.13).

MARÇO DE 2012:

Neste mês, os peixes foram recolhidos em diferentes mercados de peixe, especialmente o mercado da Imperatriz, pesqueiros, etc. Neste mês foram examinados 40 peixes, dos quais 15 estavam infectados (Tabela 5.13). A intensidade da infeção diminuiu neste mês, sendo de 38% (Fig. 5.13).

Foram observados trematódeos no intestino e a sua intensidade média foi de 0,47 (Fig. 5.14) e os peixes foram diagnosticados com crescimento neoplásico e a sua intensidade média foi de 0,13 (Fig. 5.15). A intensidade média % de trematódeos foi de 47 e a intensidade média % de crescimento neoplásico foi de 13 em março de 2012 (Tabela 5.13).

ABRIL DE 2012

Neste mês, foram examinados 30 peixes, dos quais 10 estavam infectados (Quadro 5.13). A intensidade da infeção foi de 33% (Fig. 5.13). Os trematódeos também foram recuperados com uma intensidade de 0,3 (Fig. 5.14). A prevalência de tumores foi registada com uma intensidade de 0,20 (Fig. 5.15). A intensidade média % de trematódeos foi de 30 e a intensidade média % de crescimento neoplásico foi de 20 em abril de 2012 (Tabela 5.13).

MAIO 2012:

Durante este mês um total de 60 espécimes de peixes foram recolhidos de diferentes mercados de peixe dos quais 18 estavam infectados com helmintos parasitas e crescimento neoplásico enquanto 42 não estavam infectados a intensidade da infeção era de 30% (Fig. 5.13). A intensidade média da infeção por trematódes foi de 0,39 (Fig. 5.14), tendo sido também observados tumores cutâneos com uma intensidade média de 0,06 (Fig. 5.15). A intensidade média percentual de trematódeos foi de 39 e a intensidade média percentual de crescimento neoplásico foi de 6, que foi a intensidade média percentual mais baixa em maio de 2012 (Tabela 5.13).

JUNHO DE 2012:

Neste mês, durante todo o período de observação, os peixes foram recolhidos de diferentes mercados de peixe e examinados quanto à infeção por helmintos e crescimento neoplásico.

Neste mês, foram observados 41 peixes, dos quais 28 estavam infectados com parasitas e crescimento neoplásico, enquanto 13 peixes não estavam infectados (Tabela 5.13). A intensidade da infeção foi de 68%, que foi a segunda maior taxa de infeção de 2012 (Fig. 5.13).

Os trematódeos foram recolhidos do intestino e a sua intensidade foi de 0,68 (Fig. 5.14) enquanto os tumores cutâneos foram observados com uma intensidade de 0,14 (Fig. 5.15). A intensidade média % de trematódeos foi de 68 e a intensidade média % de crescimento neoplásico foi de 14 em junho de 2012 (Tabela 5.13).

JULHO DE 2012:

Neste mês foram examinados 80 peixes, dos quais 60 estavam infectados e 5 estavam saudáveis (Quadro 5.13). A intensidade da infeção foi maior neste mês, sendo de 75% (Fig. 5.13). Os peixes foram infectados por trematódes e a sua intensidade foi de 0,67 (Fig. 5.14) e também foi registado um crescimento neoplásico com uma intensidade média de 0,2 (Fig. 5.15). A intensidade média % de trematódeos foi de 67 e a intensidade média % de crescimento neoplásico foi de 20 em julho de 2012 (Tabela 5.13).

AGOSTO DE 2012:

Durante este mês foram recolhidos 20 espécimes de peixes de diferentes mercados de peixe, dos quais 8 estavam infectados e 7 estavam saudáveis (Tabela 5.13). A intensidade da infeção foi de 40% (Fig. 5.13).

Os trematódeos foram recolhidos do intestino e a sua intensidade foi de 0,88 (Fig. 5.14), que foi a taxa mais elevada de infestação, enquanto os tumores cutâneos foram observados com uma intensidade de 0,125 (Fig. 5.15). A intensidade média % de trematódeos foi de 88 e a intensidade média % de crescimento neoplásico foi de 13 em agosto de 2012 (Tabela 5.13).

SETEMBRO DE 2012:

Um total de 40 peixes foram examinados no mês de setembro, destes 22 peixes foram encontrados parasitados (Tabela 5.13). A intensidade da infeção foi de 55% (Fig. 5.13). Trematódeos foram recuperados do intestino e sua intensidade foi de 0,73 (Fig. 5.14).

A prevalência de tumores tem sido consistentemente registada com uma intensidade de 0,136 (Fig. 5.15). A intensidade média % de trematódeos foi de 73 e a intensidade média % de crescimento neoplásico foi de 14 em setembro de 2012 (Tabela 5.13).

OUTUBRO DE 2012:

Durante este mês, um total de 60 peixes foram examinados para infeção por helmintos e crescimento neoplásico, dos quais 20 foram encontrados infestados com parasitas helmintos e crescimento neoplásico (Tabela 5.13). A taxa de prevalência foi de 33% (Fig. 5.13).

Trematódeos foram diagnosticados neste mês e sua intensidade de 0,15 (Fig. 5.14), enquanto peixes cancerosos foram relatados a partir de água altamente poluída com a intensidade de 0,10 (Fig. 5.15). A intensidade média percentual de trematódeos foi de 15, que foi a intensidade média percentual mais baixa, e a intensidade média percentual de crescimento neoplásico foi de 10 em outubro de

2012 (Tabela 5.13).

NOVEMBRO 2012:

Neste mês foram observados 50 peixes, dos quais 15 estavam infectados com parasitas e crescimento neoplásico (Tabela 5.13) enquanto 35 peixes não estavam infectados. A intensidade da infestação foi de 30% (Fig. 5.13).

Os trematódeos foram recuperados do intestino e a sua intensidade foi de 0,73, que é também a taxa de infestação mais elevada (Fig. 5.14), enquanto os tumores cutâneos foram observados com uma intensidade de 0,07, que foi a taxa de infestação mais baixa (Fig. 5.15). A intensidade média percentual de trematódeos foi de 73 e a intensidade média percentual de crescimento neoplásico foi de 7, que foi a intensidade média percentual mais baixa em novembro de 2012 (Tabela 5.13).

DEZEMBRO 2012:

Durante todo o período de investigação deste mês, 30 peixes foram recolhidos de diferentes mercados de peixe e examinados para infeção helmíntica e crescimento neoplásico, dos quais 14 peixes estavam infestados com parasitas helmínticos enquanto 16 estavam saudáveis (Tabela 5.13). A intensidade da infeção foi de 47% (Fig. 5.13). Trematódeos foram observados no intestino e sua intensidade foi de 0,07 (Fig. 5.14) e crescimento neoplásico também foi observado neste mês com intensidade de 0,07 (Fig. 5.15). A intensidade média percentual de trematódeos foi 7, que foi a intensidade média percentual mais baixa no ano de 2012, e a intensidade média percentual de crescimento neoplásico foi 7 e também foi a intensidade média percentual mais baixa em dezembro de 2012 (Tabela 5.13).

a) ANÁLISE ESTATÍSTICA DESCRITIVA DA INTENSIDADE DA INFECÇÃO POR TREMÁTODES E DO CRESCIMENTO NEOPLÁSICO EXAMINADOS DURANTE OS MESES DE JANEIRO A DEZEMBRO DE 2012:

Foram examinados um total de 556 peixes, dos quais 252 estavam infectados com helmintas e 304 não estavam infectados, sendo que o mínimo de peixes infectados foi recolhido no mês de agosto e o máximo no mês de julho e a sua média foi de 21,63, S.D =14,37± 0,905 (Tabela 5.14).

O número de Trematódeos recolhidos de peixes infectados foi de 138, o mínimo foi registado no mês de dezembro de 2012 e o número máximo de Trematódeos no mês de julho e a sua média foi de 12,82, S.D =11,35± 0,966 (Tabela 5.15).

O número total de crescimento neoplásico foi de 32, o mínimo foi registado nos meses de maio, agosto, novembro e dezembro de 2012 e o número máximo de crescimento neoplásico nos meses de fevereiro e julho e a sua média foi de 3,63, S.D =3,58± 0,633 (Tabela 5.16).

b) INTENSIDADE COMPARATIVA DA INFECÇÃO DE TREMATÓDEOS E DO CRESCIMENTO NEOPLÁSICO EXAMINADA DURANTE OS MESES DE JANEIRO A DEZEMBRO DE 2012:

A comparação da infeção por trematódes e do crescimento neoplásico é apresentada através de histograma, gráfico de pizza, diagrama de barras múltiplo e gráfico de linhas.

c) RESULTADOS:

A intensidade máxima de infeção foi observada no mês de julho de 2012 com uma taxa de infestação de 75%, enquanto a intensidade mínima foi examinada no mês de janeiro de 2012 com uma taxa de infestação de 29% (Fig. 5.16). A intensidade média máxima de trematódeos foi de 88% no mês de agosto e a intensidade média mínima foi de 7% no mês de dezembro de 2012, e o crescimento neoplásico máximo foi de 46% no mês de janeiro e o mínimo foi de 6% no mês de maio (Tabela 5.13).

Tabela 5.13. Índice sazonal de parâmetros em peixes da costa de Karachi de janeiro a dezembro de 2012

Mês	N.º de peixes	N.º de peixes	Taxa de Prevalênc	N.º de Trematóde	Intensidade média de	Intensidade média de	N.º total de	Intensida de média	Intensida de média

	examinados	infectados Helmintas	ia %	os recolhidos	Trematódeos	Trematódeos	crescimento neoplásico	do crescimento neoplásico	% de crescimento neoplásico
Jan	45	13	29%	4	0.31	31%	6	0.462	46%
Fev	60	29	48%	24	0.83	83%	12	0.414	41%
Mar	40	15	38%	7	0.47	47%	2	0.133	13%
abril	30	10	33%	3	0.30	30%	2	0.200	20%
maio	60	18	30%	7	0.39	39%	1	0.056	6%
Jun	41	28	68%	19	0.68	68%	4	0.143	14%
Jul	80	60	75%	40	0.67	67%	12	0.200	20%
agosto	20	8	40%	7	0.88	88%	1	0.125	13%
setembro	40	22	55%	16	0.73	73%	3	0.136	14%
outubro	60	20	33%	3	0.15	15%	2	0.100	10%
Nov	50	15	30%	11	0.73	73%	1	0.067	7%
Dez	30	14	47%	1	0.07	7%	1	0.071	7%
TOTAL	556	252	45%	138	6.19	**52%**	**32**	**1.926**	**16%**
Desvio padrão =		**14.375**	**0.161**	**11.347**	**0.243**		3.585	0.104	
Média		**21.636**	**0.436**	**12.818**	**0.557**		**3.636**	**0.169**	

Tabela 5.14. Análise estatística dos peixes infectados com parasitas helmintos recolhidos de peixes infectados no ano de 2012

Análise estatística descritiva

	N	Mínimo	Máximo	Média	Desvio Std. Desvio	Erro Std.
N.º de peixes infectados com helmintas e parasitas	252	8	60	21.63	14.37	0.905

Tabela 5.15. Análise estatística dos Trematódeos recolhidos de peixes infectados no ano de 2012

Análise estatística descritiva

	N	Mínimo	Máximo	Média	Desvio Std. Desvio	Erro Std.
N.º total de Trematódeos recolhidos	138	1	40	12.82	11.35	0.966

Tabela 5.16. Análise estatística do crescimento neoplásico recolhido de peixes infectados no ano de 2012

Análise estatística descritiva

	N	Mínimo	Máximo	Média	Desvio Std. Desvio	Erro Std.
Nº total de crescimento neoplásico	32	1	12	3.63	3.58	0.633

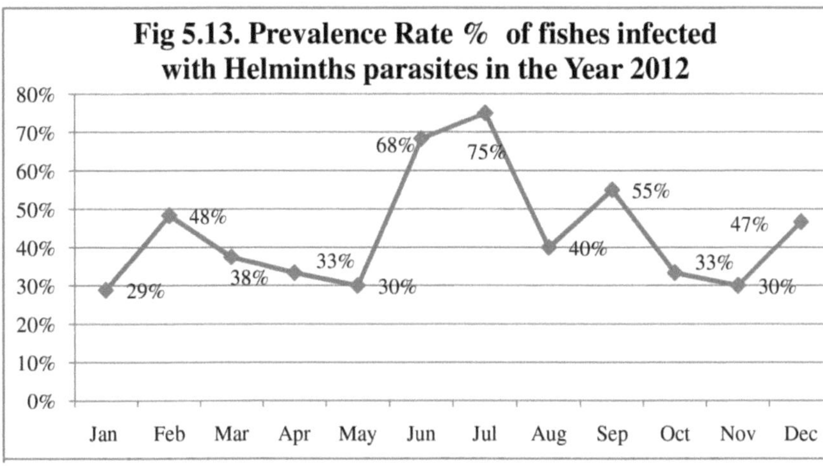

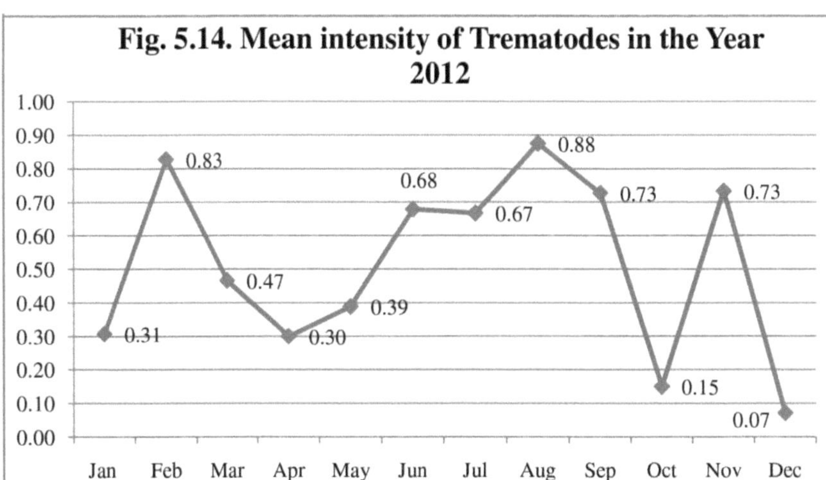

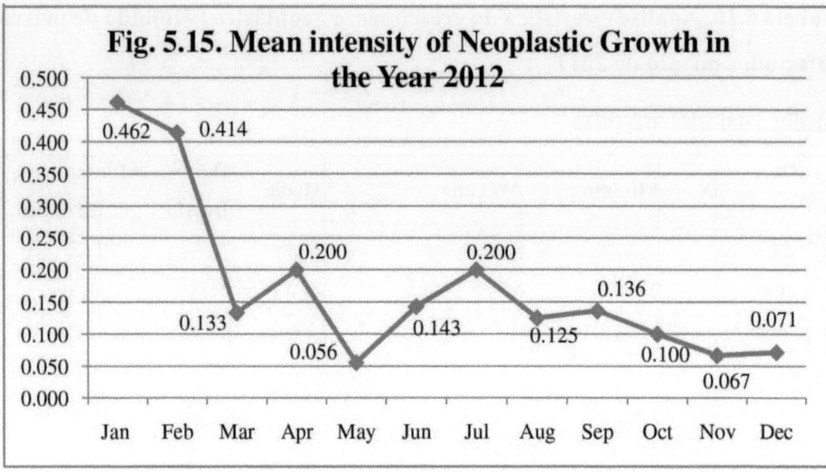

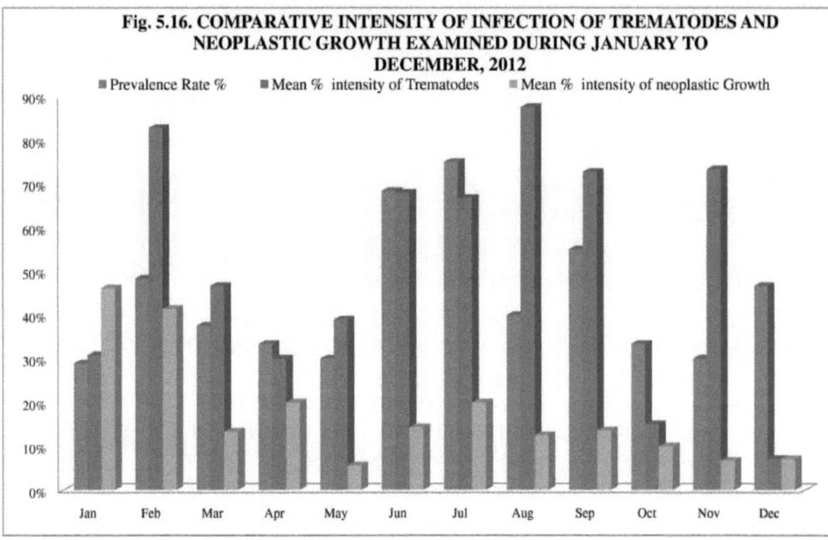

ix) Índice sazonal e variância pelo teste de intervalo múltiplo de Duncan em peixes da costa de Karachi examinados de janeiro de 2009 a dezembro de 2012:

O resultado da ANOVA revelou o nível de significância destes parâmetros entre o número médio de peixes examinados (%) ($F= 5.387$, $P<0.001$), a divisão do menor quadrado de peixes examinados foi 25.19. Nos meses de janeiro, fevereiro e outubro os valores máximos foram (93±12.31a, 69±10.87a, 75±15ab), estes meses têm maior número de peixes do que os outros meses (Tabela 5.17).

O resultado da ANOVA revelou o nível de significância destes parâmetros entre o número médio de peixes infectados com helmintos (%) (F= 2.11, P<0.05), a divisão por mínimos quadrados dos peixes examinados foi de 14.94. Nos meses de janeiro, fevereiro e outubro os valores máximos foram (36±0.66a, 36±8.19a, 31±10.14ab), estes meses têm maior número de peixes infectados com helmintos do que os outros meses. O número de peixes infectados com helmintos em percentagem média foi significativamente reduzido nos meses de março e abril (Tabela 5.17).

O resultado da ANOVA revelou que o nível de significância destes parâmetros entre o número médio de trematódeos (%) (F= 11,3, P<0,001), a divisão por mínimos quadrados no número de trematódeos foi de 4,87. Os resultados dos meses de abril e dezembro mostram que a percentagem média do número de tremátodes foi significativamente reduzida em relação aos outros meses. O número de trematódeos nos peixes aumentou significativamente no mês de fevereiro, que foi 23±1,08a, e em janeiro 18 ± 2,87b (Tabela 5.17).

O resultado da ANOVA revelou o nível de significância desses parâmetros entre o número de crescimento neoplásico médio (%) (F = 13,06, P <0,001), a divisão de mínimos quadrados foi em número de crescimento neoplásico foi de 2,69. Os resultados dos meses de abril 1 ± 0,25b e dezembro 2 ± 0,50b mostram que a porcentagem média do número de crescimento neoplásico foi significativamente reduzida em relação aos outros meses. O número de crescimento neoplásico em peixes aumentou significativamente no mês de fevereiro, que foi 12 ± 1,25a, e janeiro 10 ± 1,87a (Tabela 5.17).

Tabela 5.17. Análise de variância e teste de intervalo múltiplo de Duncan do índice sazonal de parâmetros em peixes da costa de Karachi de janeiro de 2009 a dezembro de 2012.

S. não.	Mês	N.º de peixes examinados	N.º de peixes infectados	N.º de Trematódeos	N.º total de neoplasias Média

		Média	Helmintos média	média	de crescimento
1	Jan	93+12.31a	36+ 0.66 a	18 +2.87 b	10 + 1.87 a
2	Fev	69 + 10,87abc	36+ 8.19 a	23 + 1.08 a	12 + 1.25 a
3	Mar	42 +4.90cd	17 + 1,22 be	9 +0,75 de	3 + 0.03 b
4	abril	33 + 4.33d	12+ 2.16 c	5 + 0.63 e	1 + 0.25 b
5	maio	46 + 5.46cd	18 +0,63 be	8 + 0,41 de	3 +065b
6	Jun	30 + 4.17d	22 + 2,32 abc	18 + 1.19b	4 + 0.71 b
7	Jul	29 + 4.27d	22 + 2,87 abc	12 + 1,41 cd	4 + 0.75b
8	agosto	40 + 12.94d	20 + 6,06 abc	11 +2.12 cd	2 +0.71b
9	setembro	38 +3.23d	20 + 2,02 abc	16 + 0,63 be	3 +0.71b
10	outubro	75 +15ab	31 + 10.14 ab	8 + 3,04 de	4+ 1.19b
11	Nov	56 + 4,76bcd	28+ 5.12 abc	15 + 2,21 ser	4+ 1.04 b
12	Dez	35 + 8.66d	17+4,86 ser	5 + 1.32 e	2 +0.50 b
Valor F Efeito principal		5.387 ***	2.11 *	| | 3 ***	13.06***
LSD		25.19	14.94	4.87	2.69

NOTA: A mesma letra numa mesma coluna (média) não é significativa

***= <0,01 Significativo a um nível de confiança de 99%

** = 0,01 < 0,05 Significativo a um nível de confiança de 95%

* = 0,05 <0,1 Significativo a um nível de confiança de 90%

B. DISCUSSÃO:

O enorme crescimento da população mundial influenciou todos os aspectos da nossa vida. Devido ao aumento da população humana, a necessidade de alimentos também está a aumentar. Entre os produtos do mar, o peixe é uma importante fonte de nutrição. O peixe é a principal fonte de proteínas sem a deposição de colesterol. Muitos médicos recomendam a ingestão de meio quilo de carne de peixe pelo menos uma vez por semana para os doentes que sofrem de hipertensão e doenças cardíacas. Os factores biológicos e não biológicos são responsáveis pelos perigos do peixe para a saúde. Os pescadores à linha capturam peixes que contêm vermes, larvas e quistos, com crescimentos externos, tumores, feridas ou outras lesões. A diversidade sazonal de vermes na carne e noutros sistemas de órgãos de vários peixes marinhos foi investigada por Linton (1914). Os maiores parasitas familiares dos peixes necessitam de um microscópio para serem identificados. Os pequenos vermes chatos não podem ser vistos sem um microscópio.

São geralmente simples de localizar a baixa potência, cerca de 40x. Para poderem ser vistos e classificados, têm de estar vivos, móveis e a nadar na lâmina. As ténias estão presentes na pele dos peixes, bem como à volta e sobre as suas guelras. A grande ténia do homem, a *Pseudophyllidea Diphyllobothrium latum*, foi registada em muitas partes do mundo, especialmente na região do Báltico e nos grandes lagos da América do Norte (Meyer, 1970). A partir de inquéritos e estudos sobre os ciclos de vida, foi acumulada uma grande quantidade de informação sobre a variação sazonal da incidência e intensidade da infeção de peixes com helmintas, tendo sido feitas tentativas para identificar o fator ou factores responsáveis pelos ciclos de vida dos hospedeiros intermediários e definitivos e dos parasitas. A temperatura é um fator importante que afecta a resposta imunitária do hospedeiro peixe, para além das variações sazonais, produzindo alterações sazonais na resistência à infeção.

Vários peixes da costa de Karachi com diferentes infecções, como observado em *J dussumieri* afetado por crescimento neoplásico. As condições de doença mais comuns que são facilmente determinadas nos mamíferos, por exemplo, inchaço, lesão, reparação, perda de sangue, necrose, septicemia, hiperplasia e neoplasia (patologicamente, a neoplasia é designada por tumor), são facilmente identificadas nos peixes. Sequências específicas de ADN (oncogenes) que foram preservadas na evolução, que orientam o desenvolvimento do cancro (Mix 1986). Estes genes são semelhantes aos genes que causam cancro nos mamíferos e são reconhecidos em alguns tumores em peixes (Mix 1986). Embora a informação específica sobre o processo através do qual as células normais se transformam em cancerosas ainda não esteja concluída, as linhas gerais são comparativamente bem compreendidas. Estas e outras substâncias químicas actuam em conjunto contra as células, o que resulta na formação de cancro, e são muito valiosas para o campo da medicina. Muitos produtos químicos necessitam de uma ativação metabólica prévia para poderem induzir a neoplasia. Os metabolitos são extremamente reactivos e combinados com o mecanismo da célula para iniciar o processo de cancro. O fígado é o recurso mais importante das enzimas de desintoxicação, designado por Sistema de Oxidase de Função Mista (Fabacher e Baumann, 1985). Por conseguinte, o fígado é um local comum de cancro nos peixes, o que não é de admirar, uma vez que se observa que os metabolitos de carcinogéneos dos peixes são marcadamente semelhantes aos dos mamíferos, incluindo o homem.

De acordo com os termos medicinais recentes, o tumor é definido como neoplasia e cancro, e ambas as palavras são utilizadas de forma alternativa. O termo neoplasia é definido como: "um crescimento anormal de células, que por propagação, invadem, penetram, tecidos saudáveis, desta forma danificando de órgãos e células afectando a finalidade fisiológica resultando na perda de um animal" (Black, 1984). Há cerca de grande confirmação epidemiológica, sustentada por programas de treinamento laboratorial, em que poucas são as neoplasias encontradas em peixes dos Grandes Lagos. Estas neoplasias são formadas pelos carcinogéneos encontrados num ambiente que afectam apenas ou na ocorrência de apoiantes do tumor (Hayes *et al.,* 1990; Metcalfe *et al.,* 1988; Baumann *et al.,* 1990). No entanto, nem todos os cancros dos peixes se devem a produtos químicos. Os vírus são também a principal e importante razão para a maioria das neoplasias benignas e malignas presentes nos peixes dos Grandes Lagos (Smith *et al.,* 1989).

Outras neoplasias supostamente devidas a vírus incluem linfócitos e sarcomas dérmicos no walleye, papiloma na carpa e, provavelmente, papiloma labial e corporal nos otários brancos, embora o papiloma do otário branco e a sua etiologia viral ainda não estejam confirmados (Smith *et al.*, 1989).

O primeiro relatório exaustivo sobre a ocorrência sazonal de parasitas de peixes foi apresentado por Chubb (1977 b), que se concentrou nos monogéneos de peixes de água doce, a que se seguiram estudos anuais exaustivos sobre o mesmo tema para os digéneos por Chubb (1979), para os Cestoda e nematoda larvares por Chubb (1980 b) e para os cestoda, nematoda e Acanthocephala por Chub (1982). Ele enfatizou que a temperatura da água actua diretamente sobre os helmintos ou indiretamente através do comportamento do hospedeiro, especialmente o comportamento alimentar e o metabolismo. Kennedy (1969) deu seguimento a um estudo anterior, sugerindo que um dos factores que definiam a incidência sazonal e o ciclo de maturação era a variação sazonal na disponibilidade de larvas infectantes, que ocorria nos hospedeiros intermediários tubificados em todos os meses, exceto em agosto. Os peixes, no entanto, adquiriram infecções entre dezembro e março, amadurecendo os parasitas em abril e maio e desaparecendo em julho. Milbrink (1975) observou dois picos de infeção, um na primavera e outro no outono. Reimchen (1982) verificou que a maior incidência de infeção se verificava de fevereiro a maio, 80%, e de abril a setembro, 50%. A causa dos tumores é, provavelmente, a presença de contaminantes nos sedimentos da baía ou na água que nela corre. Os resíduos poluentes que se encontram na baía de Presque Isle e que foram reconhecidos como importantes incluem os PAH (variando entre 0,03 e 58 mg/kg de PAH total em peso seco Battelle, 1997). Além disso, Eufemia *et al.* (1997) descobriram um aumento da quantidade de ADN em cabeças de touro de um local, nomeadamente o rio Buffalo, NY, com elevada absorção de resíduos de HAP. A análise de metabolitos aromáticos fluorescentes em trinca de cabeça de touro castanho do rio Buffalo mostrou que estes peixes foram expostos a concentrações elevadas de HAP. Poulet *et al.*, (1993) mostraram que a inoculação de peixes-cabeça-de-touro com células neoplásicas de tumores de peixes-cabeça-de-touro não resultou na transmissão de neoplasias.

A intensidade da infeção foi registada durante todo o período de investigação, de janeiro de 2009 a dezembro de 2012. No caso dos tremátodes, o pico de infeção foi registado nos meses de junho e julho, enquanto a infeção mais baixa foi observada em dezembro. Observaram-se variações tão grandes durante o período de estudo e, no caso do crescimento neoplásico, a infeção é diferente em todos os meses.

O Paquistão possui uma grande linha costeira em torno do mar profundo mais criativo do mundo. A situação ambiental do país é adequada para o crescimento da produção piscícola. Isto mostra a visão superior para promover a melhoria da indústria da pesca interior (Alam, 2009).

Rizwana *et al.,* (1999) trabalharam sobre a variação sazonal dos helmintos parasitas do peixe marinho *Lutjanus argentimaculatus*, com especial referência aos nemátodos, de agosto de 1999 a novembro de 1999, com uma intensidade de 84%, enquanto o mínimo foi observado em novembro de 1999, com uma taxa de infestação de 70%.

A intensidade média de trematódeos dos peixes de 2009 a 2012 foram significativamente diferentes (ANOVA, F = 11,3, P< 0,001), a divisão por mínimos quadrados em número de trematódeos foi de 4,87.

As médias de intensidade de crescimento neoplásico dos peixes nos anos de 2009 a 2012 foram significativamente diferentes (ANOVA, F = 13,06, P< 0,001), a divisão por mínimos quadrados no número de crescimento neoplásico foi de 2,69.

Mark *et al.,* 2001, verificaram que o comprimento médio do peixe-cabeça-de-boi castanho no ano de 1992-1995 era significativamente diferente (ANOVA, $F = 5,5$, $P < 0,004$). Estudaram que os peixes maiores tendem a ser mais susceptíveis de ter tumores; o comprimento médio dos peixes com tumores era inferior ao dos peixes sem tumores. Os peixes sem tumores podem ser mais saudáveis e mais robustos.

De acordo com o presente estudo, os peixes de pequeno comprimento são mais susceptíveis de crescimento neoplásico/tumoral do que os peixes de grande comprimento.

Karachi está situada a nordeste do Mar Arábico, numa região oriental. Está rodeada pela região paleártica a norte. O mar Arábico a sul, a Índia a leste e a Arábia a oeste. Karachi está bem equipada não só para ter um grande porto de pesca, mas também serve de via regular para os peixes migratórios entre os oceanos circundantes (Oceano Índico e Oceano Pacífico). As águas marinhas e doces do Paquistão são constituídas por cerca de mil espécies de peixes. Na sua maioria comestíveis, não só a carne dos peixes, mas também as ovas e as bexigas de ar têm um bom valor de mercado (Farooq e Sadiq, 1992). O porto de peixe de Karachi processa cerca de 90% das capturas de peixe e marisco no Paquistão. Uma região especial do Mar Arábico é considerada a região de mercado especial do Paquistão, a partir da qual passa cerca de 80% do petróleo mundial carregado no porto, ajudando as indústrias petrolíferas do Irão, da Península Arábica e dos Estados do Golfo. Em 2003, o navio Tasman spirit, ao largo da costa de Karachi, tinha espalhado cerca de 25.000 toneladas de petróleo no nosso mar profundo. Este navio foi construído nos estaleiros navais Kaisha, em 1979, no Japão. O Tasman Spirit foi contratado pela PNSC para transportar 67 532 toneladas de petróleo de base para a Pakistan Refinery Limited. Cerca de 20 000 toneladas tinham sido transportadas para um novo navio-tanque, enquanto 25 000 toneladas tinham sido estragadas e os restos tinham sido transportados para o navio em dificuldades, causando um grande desperdício. Este desperdício causou ainda mais destruição extrema. Em agosto de 2004, o Departamento de Pescas Marinhas do Wetland Ceater, em Karachi, e o World Wide Fund for Nature, no Paquistão, organizaram um seminário. O motivo do evento foi reconhecer os factores que implicam o fracasso do país em alcançar o desenvolvimento essencial da pesca. Um dos factores poderia ser as infecções parasitárias. No seminário sobre o plano quinquenal para a divisão das pescas, os peritos estudaram diferentes formas de abordar a questão. As partes interessadas no sector das pescas, peritos dos

Departamentos Federal e Provincial das Pescas Marinhas, do Instituto Nacional de Oceanografia, da Autoridade do Departamento Costeiro do Balochistão, bem como académicos e representantes de diferentes ONG e organizações de apoio à sociedade participaram e deram os seus contributos. A combinação de todos os aspectos acima referidos, que consiste na má gestão dos recursos marinhos e na falta de aplicação das leis ambientais, deu início a um processo que conduz a uma situação insustentável. Em suma, as comunidades de pescadores migratórios que residem nas ilhas são muito pobres e o seu único recurso de subsistência é a pesca de subsistência. Dependem grandemente dos mangais para as suas necessidades de combustível e forragem. Por conseguinte, a pesca e os mangais da zona estão fortemente sobreexplorados. A diversificação da base de subsistência das comunidades locais será necessária para a análise do ecossistema.

Como já foi referido em vários relatórios profissionais, as águas em Karachi e nas suas imediações e no seu porto estão extremamente contaminadas com a presença de petróleo, insecticidas e vários metais. A maior parte das zonas lodosas estão cobertas de petróleo, desprovidas de camarões e peixes, e a erosão está a aumentar rapidamente, uma vez que as raízes dos nossos mangais moribundos já não são capazes de reforçar as margens. A presença do petróleo causou incómodo a muitas pessoas que viviam nas praias de Carachi. Não matou nenhum ser humano, mas matou a vida marinha. Muitos animais aquáticos, especialmente peixes, foram mortos por este derrame de petróleo, enquanto os restantes migraram para outras zonas costeiras. A água é fortemente agitada por centenas de barcos a motor. Os gases de escape dos motores são descarregados debaixo de água e, presumivelmente, incluem compostos cancerígenos (Kotin *et al.*, 1956) que podem ser condensados pelo efeito de arrefecimento da água. Se estes compostos se depositarem e se concentrarem no fundo, é provável que os peixes que se alimentam no fundo, como os otários e os peixes-balão, sofram uma maior exposição do que os peixes mais predadores, como a perca, o pickerd e o robalo. Foi demonstrado que os hidrocarbonetos cancerígenos estão presentes em quantidades mensuráveis em certas superfícies, mas aparentemente não foram efectuadas análises dos sedimentos de fundo (Borneff *et al.,* 1962). Os produtos químicos insecticidas, como o DDT, são utilizados pelos habitantes das margens do lago principalmente para eliminar os mosquitos . O lago está, portanto, inevitavelmente contaminado até certo ponto. Halver (1962) encontrou hepatomas num pequeno grupo de trutas arco-íris expostas ao DDT através da alimentação. Outros contaminantes pesticidas podem ter origem nas actividades agrícolas da bacia hidrográfica de Deep Creek.

As presentes observações mostraram que o efeito da temperatura sobre os peixes é um fator importante na taxa de infestação de parasitas. Durante a estação quente a taxa de infestação foi alta. O mesmo foi relatado por Kelle, 1977; Bussmann e Ehrich, 1979; Gras Nawrzyniak *et al.*, 1979; e Fatima e Bilqees, 1989.

Os tumores ou neoplasias são crescimentos tecidulares de células anómalas que proliferam, neoplasias dos tecidos conjuntivos. As neoplasias dos tecidos conjuntivos, como o fibroma e o fibrossarcoma, são as mais comuns. Os peixes desenvolvem neoplasia ou cancro da mesma forma que os animais superiores. Os factores identificados e supostamente envolvidos na neoplasia dos peixes incluem vírus, substâncias químicas ambientais (carcinogéneos), traumas físicos repetidos, hormonas, idade, sexo, tendência genética e competência imunológica do hospedeiro. Todos os peixes teleósteos em qualquer parte do mundo podem potencialmente desenvolver neoplasia. Por razões desconhecidas, o cancro tem sido raro nos peixes cartilagíneos, como os tubarões e as raias. De acordo com observações recentes, as neoplasias são classificadas de acordo com a origem do tecido ou da célula e são ainda agrupadas com base em caraterísticas benignas ou malignas. Os tumores benignos são frequentemente bem diferenciados, de crescimento lento e bem circunscritos, sem invadir os tecidos normais circundantes. A maior parte das neoplasias benignas não constituem normalmente um risco de vida e terminam frequentemente com o sufixo "oma". Os tumores malignos não são frequentemente bem diferenciados, podem crescer rapidamente, infiltrar-se nos tecidos normais e tendem a metastizar. Os nomes destas neoplasias são frequentemente precedidos da palavra "maligno" ou do sufixo "sarcoma" ou "carcinoma". A neoplasia é geralmente um acontecimento raro que afecta um peixe em cada vários milhares. Se o tumor ocorrer com maior frequência numa população de peixes, uma preocupação indireta para a saúde humana seria saber se a causa está ligada à contaminação ambiental.

CAPÍTULO 6 HISOPATOLOGIA DO CRESCIMENTO NEOPLÁSICO E DO INTESTINO DE PEIXES DA COSTA DE KARACHI

A. OBSERVAÇÕES:

Os peixes, tal como outros vertebrados, são frequentemente afectados por proliferações neoplásicas. Estes crescimentos neoplásicos são classificados de acordo com as classificações de tumores dos mamíferos. Mais frequentemente, são diagnosticadas neoplasias cutâneas como papilomas, fibromas e fibrossarcomas. Poucos casos publicados de neoplasia incluem papilomas, carcinomas de células escamosas, fibromas, condromas e branquiocarcinomas (Martineau e Ferguson, 2006; Thatcher e Varella, 1980; Wildgoose, 1992 e Wildgoose e Bucke, 1995).

a. Observações brutas:

Espécime de *J. dussumieri* (Valenciennes, 1833) trazido para o Laboratório de Parasitologia, Departamento de Zoologia da Universidade de Carachi, com um abdómen obviamente dilatado (Fig. 6.1). A autópsia revelou um grande tumor arredondado e acinzentado que crescia a partir dos mesentérios viscerais (Fig. 6.2, 6.3). Ocorrem no bordo inferior do opérculo e no bordo ventral do corpo, perto do ânus, não tendo este tipo de tumor sido observado em qualquer outra parte do corpo. A região do tumor é rica em tecido conjuntivo e o tumor deformou e comprimiu consideravelmente as vísceras devido ao crescimento extenso do tumor. O tumor estava bem demonstrado, separado dos órgãos circundantes e não apresentava sinais de proliferação. Não foi observada qualquer hemorragia no tumor ou nos órgãos.

b. Observações Microscópicas:

Havia dois componentes básicos da estrutura do tumor: epitelial e mesenquimal. Os componentes epiteliais predominantes encontravam-se em diferentes estádios de desenvolvimento. Para além da estrutura comparativamente bem desenvolvida e regular dos túbulos, observavam-se formações glandulares com um grau de diferenciação inferior, com o desenvolvimento de pequenos quistos e formações adenopapilares que evoluíam para formações mesenquimatosas.

O aspeto macroscópico da sua superfície era liso. Os tumores maiores estavam dobrados à superfície, o que correspondia às suas caraterísticas papilomatosas: um estroma lobulado e ramificado suportado por colagénio coberto por tecido epidérmico hiperplásico (Fig. 2.1g).

Nas partes epidérmicas predominavam células basais prismáticas altas (Fig. 6.4). Todas as três camadas estavam compactadas juntas, com a camada intermédia a mostrar uma perda significativa de contacto intracelular (Fig. 6.5). Na última situação, a formação de numerosos espaços intercelulares dá ao tecido uma aparência esponjosa (Fig. 6.6, 6.7). Já as células tumorais em contacto estreito entre si assemelham-se às células malpighianas da epiderme normal (Fig. 6.8). As células das regiões esponjosas estão muito alteradas (Fig. 6.9, 6.10).

À medida que o desenvolvimento do tumor progride, algumas das células circundantes não mostram absolutamente nenhuma atividade de divisão da maior parte do tecido tumoral epidérmico, mas permanecem separadas umas das outras da lâmina basal e da superfície externa do tumor por um filamento que contém as células tumorais de carácter malpighiano (células de envelope) (Fig. 6.11).

À medida que o tumor aumenta de tamanho, um grande número de células tumorais epidérmicas de carácter malpighiano transformam-se em células volumosas arredondadas a ovais, como observado anteriormente (Brook *et al.*, 1969) (Fig. 6.12).

São visíveis numerosas partículas fortemente contrastantes de várias formas e tamanhos. Também apareceram células inflamatórias no tecido conjuntivo dos nódulos, juntamente com células mesenquimatosas indiferenciadas e fibrose, para além dos fibroblastos (Fig. 6.13), semelhante à descoberta de (Peters *et.al.*, 1978), as células que contêm grânulos eosinofílicos também eram um componente dos tumores (Vicha e Schmale, 1994) (Fig. 6.14).

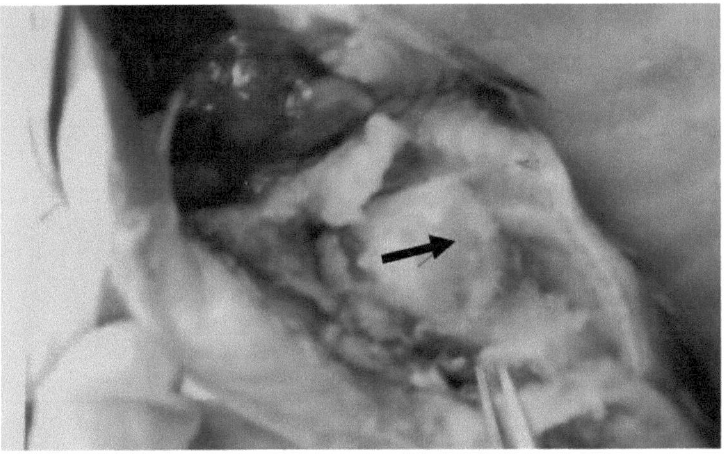

Fig. 6.1. Espécime de *Johnius dussumieri* (Valenciennes, 1833) com a região abdominal alargada, barbatanas inflamadas e um dos espécimes com um crescimento tumoral proeminente.

Fig. 6.2. Espécime autopsiado mostrando um tumor arredondado, alargado e acinzentado.

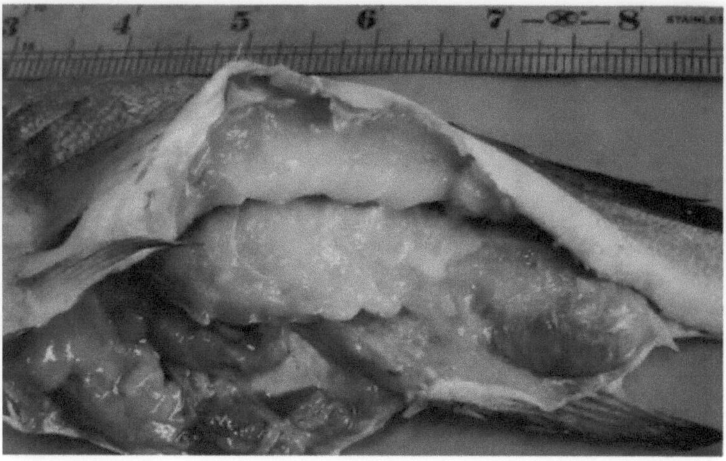

Fig. 6.3. Uma das amostras com tumor a crescer perto da região pélvica.

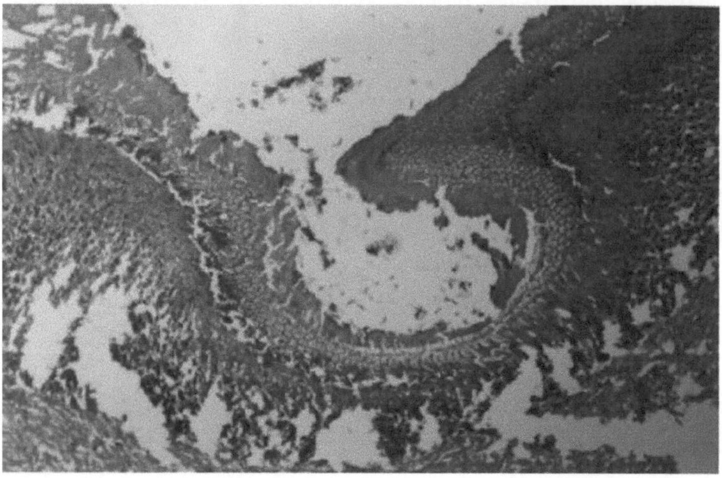

Fig. 6.4. Fotomicrografia de uma secção do tumor mostrando o estroma na superfície exterior e as camadas inferiores com células neoplásicas juntamente com células inflamatórias X20.

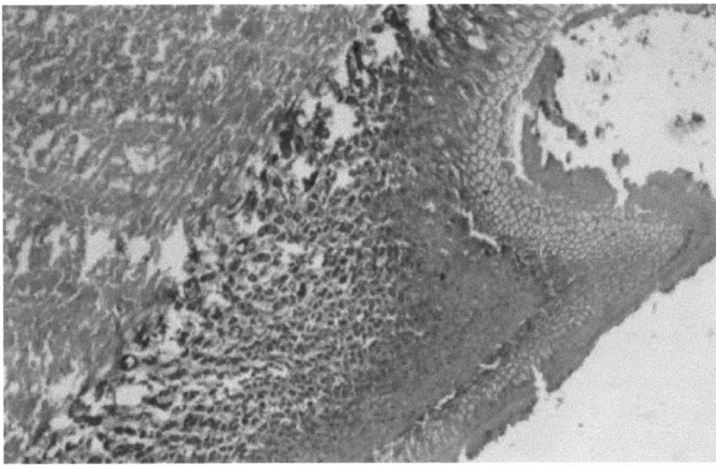

Fig. 6.5. A fotomicrografia mostra camadas inferiores atrofiadas de uma porção do tumor X50.

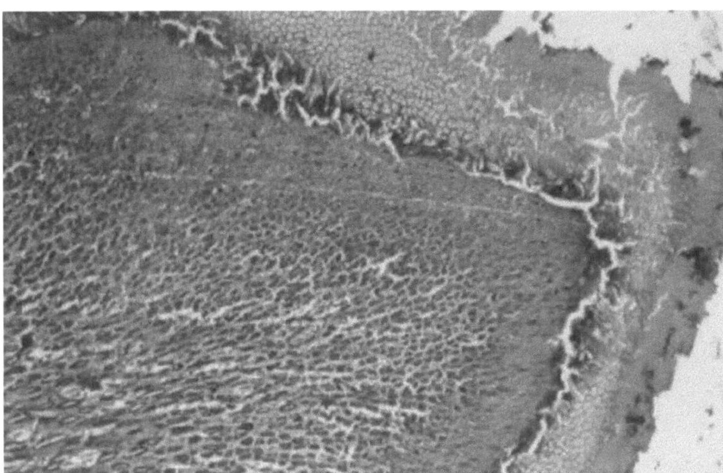

Fig. 6.6. A fotomicrografia mostra as camadas inferiores com aspeto esponjoso X100.

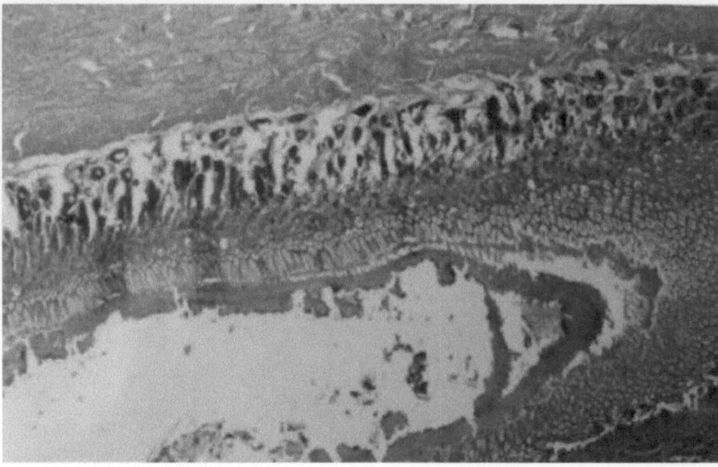

Fig. 6.7. As camadas inferiores da região do colo do tumor mostram os interespaços entre as células X100.

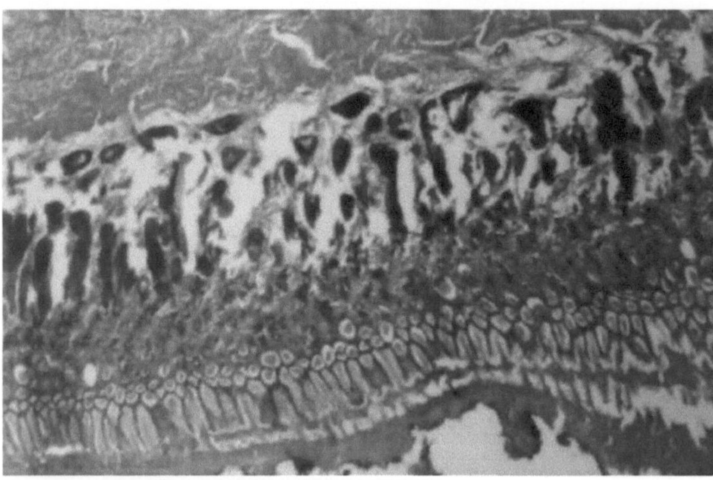

Fig. 6.8. A fotomicrografia mostra as células de Malpighi X200.

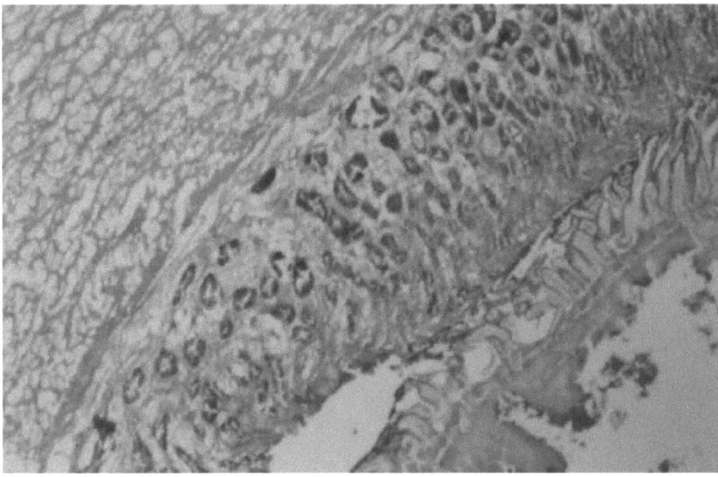

Fig. 6.9. As fotomicrografias mostram células que se desviam em forma, tamanho, estrutura e organização das células epiteliais e mesenquimais normais X200.

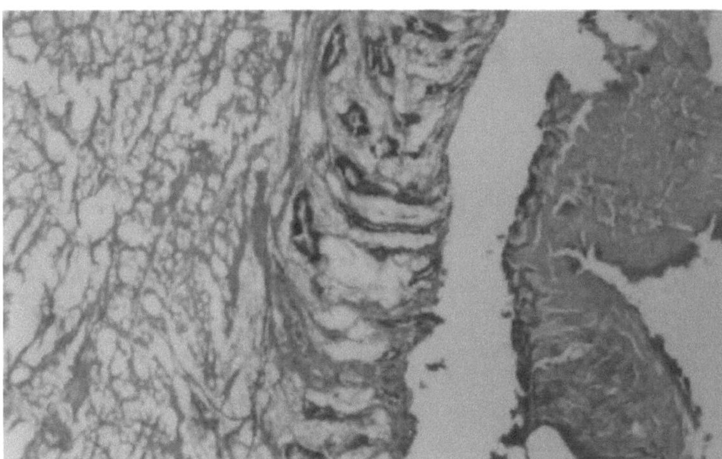

Fig. 6.10. As fotomicrografias mostram a porção da secção do tumor com células convertidas em células não identificáveis X 200.

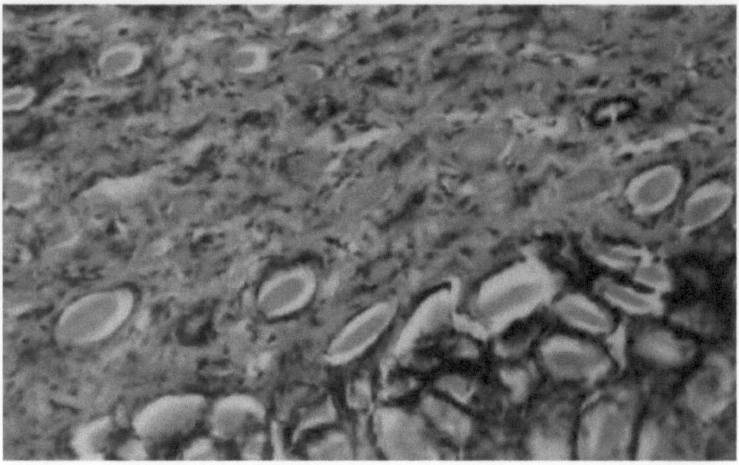

Fig. 6.11. Porção de secção do tumor mostrando células de Malpighi e células inflamatórias X200.

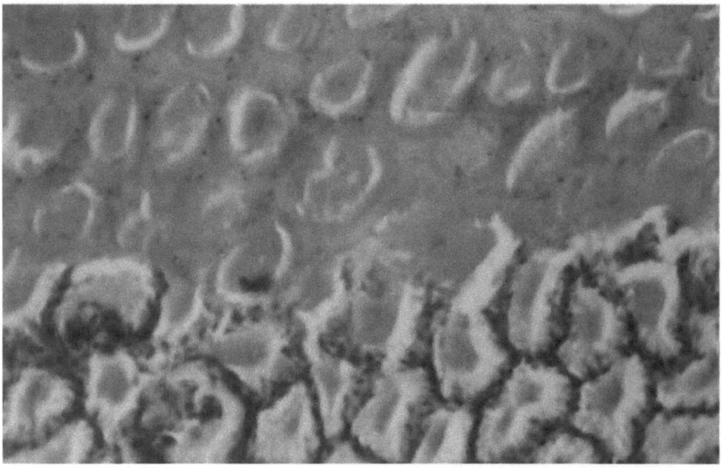

Fig. 6.12 As fotomicrografias mostram as células de Malpighi convertidas em células ovais arredondadas e alargadas (seta) X200.

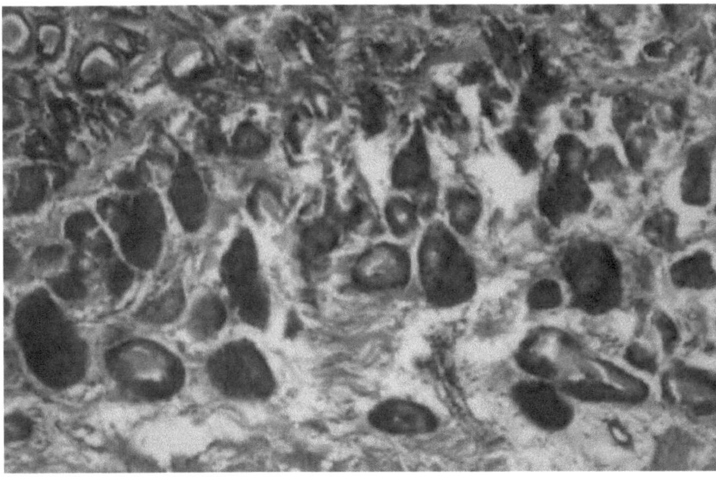

Fig. 6.13. Secção da porção tumoral mostrando células de várias formas juntamente com células de fibroblastos X200.

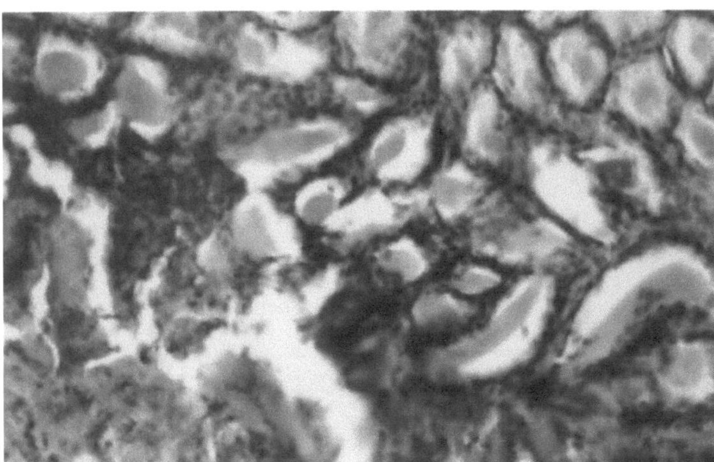

Fig. 6.14. Secção de micrografia mostra eosinófilos, células de Malpighi alteradas e células atrofiadas do tecido conjuntivo. X200.

B. DISCUSSÃO:

Até à data, foram observados três tipos de crescimento papilomático cutâneo. Estes podem ser claramente distinguidos estruturalmente como:

- Crescimento plano (varíola) com baixo teor de tecido conjuntivo.

- Crescimentos proeminentes com estroma distinto rico em colagénio e
- Papilomas complexos, cuja porção epidérmica é composta por um arranjo caraterístico de células arredondadas e células mais pequenas de carácter malpighiano (células de envelope) no meio.

Os dois primeiros tipos correspondem aos tipos amplamente distribuídos de papiloma simples de peixe e são compostos exclusivamente por células de carácter Malpighi.

Existem provas substanciais que indicam que as diferenças estruturais dos três tipos dependem muito menos da diferença nos padrões de reação das espécies envolvidas do que do tipo e método de atuação dos estímulos causadores dos tumores. O primeiro tipo de tumor encontra-se tanto na solha como no linguado. O segundo tipo aparece em várias espécies do Atlântico e do Pacífico, formando-se da mesma maneira. O complexo tipo 3 parece estar limitado às espécies do Pacífico, embora uma série de géneros com espécies estreitamente relacionadas ocorra nos dois oceanos (Peters e Watermann, 1979).

Os tumores do tipo 1 e do tipo 2 são observados, na maioria das vezes, em peixes chatos dos oceanos Atlântico e Pacífico. Mas no oceano Arábico foi observado um tumor do tipo -3 em *J. dussumieri.*

É preocupante a razão da causa do tumor neste peixe, e uma das razões poderia ser o tumor na prevalência de infeção por trematódeos que leva a alterações bioquímicas que por sua vez originam o tumor ou a outra possibilidade poderia ser os poluentes na água responsáveis por tal tipo de crescimento na água como relatado anteriormente por Dethlefsen (1978) para o crescimento de varíola de peixe na maioria dos peixes.

No mar da Arábia, este tipo de crescimento foi observado em *J. dussumieri*, enquanto este tipo de crescimento foi observado em peixes das águas costeiras japonesas no Pacífico e na costa atlântica.

Pode concluir-se que os trematodes, juntamente com os poluentes presentes na água, foram responsáveis pela formação de tumores. É difícil sugerir que um dos dois tenha sido o único responsável pelo desenvolvimento de tumores em *J. dussumieri.*

CONCLUSÃO

O Paquistão é dotado de uma vasta linha costeira que rodeia o oceano mais dinâmico do mundo. A localização geográfica desempenha um papel vital no desenvolvimento da indústria do peixe. Este é um excelente ponto de vista para o desenvolvimento da produção de peixe em águas interiores, principalmente nos reservatórios artificiais, nas zonas alagadas e na região do delta do Indo (Alam, 2009).

Entre os frutos do mar, o peixe é uma importante fonte de nutrição. O peixe proporciona uma dieta com baixo teor de gordura e uma grande quantidade de proteínas e essa dieta com baixo teor de gordura reduz as gorduras saturadas. Muitos estudos recomendam que uma dieta semanal composta por 2 quilos de peixe é vantajosa para prevenir doenças cardíacas. Tanto os factores biológicos como os não biológicos são responsáveis pelos perigos do peixe para a saúde.

Existem numerosas espécies de peixes na costa de Karachi com diferentes infecções, mas *J. dussumieri* foi afetado por um crescimento neoplásico. As doenças mais comuns, facilmente identificáveis nos mamíferos, como a sensibilidade, a necrose, a atrofia, a metaplasia, a hiperplasia e a neoplasia (patologicamente, a neoplasia é designada por tumor), são também observadas nos peixes.

Os peixes podem ser o hospedeiro principal ou intermediário, consoante a espécie de digeneano. Estão presentes externa ou internamente, em qualquer órgão. Para a maioria dos trematódes digenéticos, a patogenicidade para o hospedeiro é limitada. A fase de vida mais frequentemente observada nos peixes é a metacercária, que se encistam nos tecidos dos peixes (Komiya, 1966).

Os peixes, no entanto, adquiriram infecções entre dezembro e março, amadurecendo os parasitas em abril e maio e desaparecendo em julho. Milbrink (1975) estudou dois picos de infeção, um na primavera e o outro no outono. Reimchen (1982) verificou que o pico de incidência da infeção era de fevereiro a maio 80% e de abril a setembro, 50%.

Foi acumulada uma enorme quantidade de informação sobre a variação sazonal da incidência e intensidade da infeção de peixes com helmintas, a partir de inquéritos e estudos sobre os ciclos de vida, para reconhecer os factores responsáveis pelos ciclos de vida dos hospedeiros intermediários e definitivos e dos parasitas. A temperatura é um fator importante que afecta a resposta imunitária do hospedeiro peixe, para além das variações sazonais, produzindo alterações sazonais na resistência à infeção.

A presente explicação mostrou que o resultado da temperatura sobre os peixes é uma caraterística essencial para a taxa de infestação de parasitas. Durante a estação quente, a taxa de infestação foi elevada.

A temperatura da água actua diretamente sobre os helmintos ou indiretamente através do comportamento do hospedeiro, especialmente o comportamento alimentar e o metabolismo. Kennedy (1969) deu seguimento a um estudo anterior, sugerindo que um dos factores que definiam a incidência sazonal e o ciclo de maturação era a variação sazonal na disponibilidade de larvas infectantes, que ocorria nos hospedeiros intermediários tubificados em todos os meses, exceto em agosto.

A causa dos tumores é provavelmente a presença de contaminantes nos sedimentos da baía ou na água que flui para a baía.

Embora as informações específicas do procedimento através do qual as células normais se transformam em crescimento neoplásico não estejam, no entanto, completamente determinadas, as linhas gerais são comparativamente bem compreendidas. Tanto os trematódes como os poluentes podem atuar em conjunto para provocar o crescimento tumoral.

A combinação de todos os aspectos discutidos acima consiste na má gestão dos recursos marinhos e na falta de aplicação das leis ambientais, que requerem a devida atenção do departamento de pescas e dos ministros da alimentação e do ambiente.

A neoplasia é geralmente pouco frequente, afectando um peixe em cada vários milhares. Se o tumor ocorrer mais frequentemente numa população de peixes, uma preocupação indireta para a saúde humana seria saber se a causa está ligada a uma contaminação ambiental ou a trematódeos que afectam os peixes.

Além disso, a intensidade da infeção foi registada de janeiro de 2009 a dezembro de 2012. No caso dos trematódes, o pico de infeção foi registado nos meses de junho e julho, enquanto a infeção mais baixa foi observada em dezembro. Foram observadas grandes variações no crescimento neoplásico durante o período de estudo, o que pode ser devido à presença de trematódeos que provocaram algumas alterações bioquímicas responsáveis pelo crescimento neoplásico. Mas em alguns peixes onde não foram observados parasitas trematódeos, a ocorrência de tal crescimento nos peixes pode ser devida aos poluentes na água circundante ou a alguns outros factores que necessitam de mais investigação.

REFERÊNCIAS

Ahmed, M.F. e Niazi, M.S. (1988). Important edible Fishes of Pakistan, Zoological Survey Department, 31 pp.

Akhtar, N. (1986). Potencial de pesca no Paquistão. Notícias P.A.R.C.. Boletim mensal do Pakistan Agric. Res. Council, Pgs 1-2 e 8.

Akiyama, T.T. e Mori, K. (1986). Papel dos metabolitos do triptofano na inibição da deformação da coluna vertebral dos juvenis de salmão chum causada pela deficiência de triptofano. Bull. Jap. Soc. Sci. Fish, 52: 1255-1259.

Alam, S. M. (2009). Importância da produção e gestão das pescas. Pak & Gulf Economist. 17-23 de agosto de 2009. 28 (33): 42.

Anders, F. (1967). Formação de tumores em híbridos de peixe-espada como um problema de regulação genética. Experientia. 23:1-10.

Amlacher, E. (1976). Taschenbuch der Fischkrankheiten, VEB G. Fischer Verlag, Jena

Balch, G.C., C.D. Metcalfe, e S.Y. Huestis. 1995. Identification of potential fish carcinogens in sediment from Hamilton Harbour, Ontario, Canada. Environmental Toxicology and Chemistry.

Anders, K. e Yoshimizu, M. (1994). Papel dos vírus na indução de tumores cutâneos e de proliferações semelhantes a tumores em peixes. DISaquat Org., 19:215-232

Arvind, K. (2002). Ecology of Polluted Waters. Vol. 2, A.P.H. Pub, New Delhi, ISBN-13: 9788176483186 Pages: 1245

Balch, G.C., Metcalfe, C.D. e Huestis, S.Y. (1995). Identificação de potenciais carcinogéneos para peixes em sedimentos de Hamilton Harbour, Ontário, Canadá. Environmental Toxicology and Chemistry.

Barada, B. (1972). Estudo de terror - poluição. Skin Diver, setembro: 12-15.

Battelle, (1997). Presque lsle Bay Sediment Study. Relatório de dados elaborado por G. Durell e J. Neff, Batelle Ocean Sciences. Duxbury, Massachusetts, para a Região III da EPA ao abrigo da atribuição de trabalho 4 - 456. Contrato n.º 68 - C2 - 0134.

Baumann, I.R. e Metcalfe, C.D. (1996). Ligações entre contaminantes químicos e tumores em peixes bentónicos dos Grandes Lagos. J. Great Lakes Res. 22: 131-152.

Baumann, P.C. (1989). PAH, metabolitos e neoplasia em populações de peixes selvagens. In: Varansi U (ed) Metabolism of polycyclic aromatic hydrocarbons in the aquatic environment. CRC Press, Boca Raton, FL, p 69-92

Baumann, P.C. (1992a). A utilização de tumores em populações selvagens de peixes para avaliar a saúde do ecossistema.J. Aquat. Ecosystem Health 1: 135146.

Baumann, P.C. (1992b). Methodological Considerations for Conducting Tumour Surveys of Fishes. Journal of Aquatic Ecosystem Health. 1: 33-39.

Baumann, P.C. (1998). Epizootias de cancro em peixes associadas a genotoxinas em sedimentos e água. Mutation Res. 411: 227-233.

Baumann, P.C. e Hamilton, S.J. (1984). Anomalias vertebrais em caranguejos brancos, *Pomoxis annularis* Refinesque, do lago Decatur, Illinois e uma investigação de possíveis causas. J. fish boil, 25: 2533.

Baumann, P.C. e Harshbarger, J.C. (1995). Diminuição das neoplasias hepáticas no peixe-gato selvagem Brown Bullhead após a coqueria

Encerra e os HAP ambientais caem a pique. Environ. Health Persp. 103: 168-170.

Baumann, P.C. e Harshbarger, J.C. (1998). Tendências a longo prazo nas epizootias de neoplasias hepáticas de cabeça de touro castanha no rio Negro, Ohio. Environmental Monitoring and Assessment 53: 213-223.

Baumann, P.C. e Mac, M. (1988). Hidrocarbonetos aromáticos polinucleares e tumores em cabeças de boi castanhas dos rios Black e Cuyahoga - causa e efeito? Relatório Técnico Canadiano de Pescas e Ciências Aquáticas, 1607: 142-143.

Baumann, P.C., Cairns, V., Kurey, W., Lambert, L., Smith, I. e Thoma, R. (2000). Tumores ou outras deformações em peixes. Plano de gestão de todo o lago Erie (LaMP) Tech Rep Ser No. 6. Gabinete do Programa Nacional dos Grandes Lagos, Chicago, IL

Baumann, P.C., Harshbarger, J.C. e Hartman, K.J. (1990). Relações entre os tumores hepáticos e a estrutura etária das populações de peixes-cabeça-de-boi castanhos de dois afluentes do Lago Erie. Science of the Total Environment. 94: 71-88.

Baumann, P.C., Mac, M.J., Smith, S.B. e Harshbarger, J.C. (1991). Frequências de tumores em walleye (*Stizostedion vitreum*) e brown bullhead (*Ictalurus nebulosus*) e contaminantes de sedimentos em afluentes dos Grandes Lagos Laurencianos. Can J Fish Aquat Sci 48: 1804-1810

Baumann, P.C., Schmitt, C.J. e Zajicek, J.L. (1988). A better way to Determine Exposure of Fish to Polycyclic Aromatic Hydrocarbons (Uma melhor forma de determinar a exposição dos peixes aos hidrocarbonetos aromáticos policíclicos). U.S. Fish and Wildlife Service, Research Information Bulletin No. 88-14, National Fisheries Contaminants Research Center, Columbia, Missouri.

Baumann, P.C., Smith, I.R. e Metcalfe, C.D. (1996). Ligações entre contaminantes químicos e tumores em peixes bentónicos dos Grandes Lagos. J. Great Lakes Res. 22(2): 131-152.

Baumann, P.C., Smith, W.D. e Ribick, M. (1982). Taxas de tumores hepáticos e níveis de hidrocarbonetos aromáticos polinucleares em duas populações de cabeças de touro castanhas (*Ictalurus nebulosus*). *Em* Polynuclear aromatic hydrocarbons: physical and biological chemistry. Ed. M. Cooke, A.J. Dennis e G.L. Fisher. Columbus, Ohio. Battelle Press. pp. 93-102.

Baumann, P.C., Smith, W.D., e Parland, W.K. (1987). Frequências de Tumores e Concentrações de Contaminantes em Cabeças de Touro de um Rio Industrializado e de um Lago de Recreio. Transacções da Sociedade Americana de Pesca 116: 79-86.

Becker, G.C. (1983). Fishes of Wisconsin. University of Wisconsin Press, Madlson.

Beg, A. e Ali, M. (1995). "Environmental Degradation" Pakistan and Gulf Economist. 11-17 de fevereiro de 1995. pp. 113-118.

Bhutta, M.S. e khan, D. 1975. Trematódeos digenéticos de vertebrados do Paquistão. Bull. Dept. zool. Uni. Punjab (Nova Série) Artigo, 8: 1175.

Bilqees, F.M. (1970). *Monodhelmis elongatus* um trematódeo de *Erethistes elongata* da costa de Karachi. Pak. J. Zool, **2:** 43-45.

Bilqees, F.M. (1971a). Trematódeos de peixes marinhos do Paquistão Ocidental IV. Descrição de três novos géneros e espécies. Pak. J. Sci. Ind. Res., 14: 254-257.

Bilqees, F.M. (1971b). Trematódeos de peixes marinhos do Paquistão VI. Duas novas espécies do género *Prosorchis* Yamaguti, 1934. Pak. J. Sci. Ind. Res., 14: 258-260.

Bilqees, F.M. (1971c). Trematódeos de peixes marinhos do Paquistão VII. *Ectenurus crenidensis*, uma nova espécie de *Crenidens indicus* (Day), da costa de Karachi. Pak. J. Zool, 14: 512-513.

Bilqees, F.M. (1971d). Trematódeos de peixes marinhos do Paquistão 1. Uma nova espécie do género *Podocotyloides* Yamaguti, 1934 sensu Pritchard, 1966. Agric. Pak., 22: 253-257.

Bilqees, F.M. (1971e). Trematódeos de peixes marinhos do Paquistão Ocidental. II & III. Descrição de quatro novos géneros e dezasseis espécies (Hemiuridae) com notas sobre a histologia, segmentação, multiplicação assexuada e regeneração de alguns deles. Karachi: Agric. Res. Counc. Govt. Pak., pp. 1-55.

Bilqees, F.M. (1972). Trematódeos de peixes marinhos do Paquistão Ocidental VIII. Descrição de treze novas espécies, incluindo um novo género *Pseudocoitocaecum* de peixes da costa de Karachi. In: Bilqees, F.M. *et al.* (Eds) Helminth parasites of some vertebrates principally from fishes of West Pakistan. Karachi: Agric. Res. Counc. Govt. Pak., pp. 1-40.

Bilqees, F.M. (1972a). Trematódeos de peixes marinhos do Paquistão Ocidental X. *Tormopsolus spatulatum* sp. n. (Acanthocolpidae: Acanthocolpinae) de um peixe da costa de Karachi. Proc. Helm. Soc. Wash, 39: 138-140.

Bilqees, F.M. (1972b). Trematódeos de peixes marinhos do Paquistão Ocidental IX. Duas novas espécies *Plagioporus (Caudotestis) mujibi* e *Notoporus hystrix* (Digenea: Allocreadiidae). Bull. Agri. Res. Counc. Pak, pp. 105-110.

Bilqees, F.M. (1972c). Trematódeos de peixes marinhos do Paquistão Ocidental XI. *Helicometrina otolithi* sp. n. (Allocreadiidae) e *Sterrhurus stromatei* sp. n. (Hemiuridae) de *Otolithus argenteus* (C.V.) e *Stromateus sinensis* (Euph.). Ata Parasit. Pol., 20: 337-341.

Bilqees, F.M. (1972e). Trematódeos de peixes marinhos do Paquistão Ocidental XII. Um novo género *Paradiplobulbus* incluindo duas espécies *P. isorchis* e *P. heterorchis.* Proc.Helm.Soc.Wash., 39: 249-250.

Bilqees, F.M. (1973). Trematódeos de peixes marinhos do Paquistão Ocidental XIII. Três novas espécies, incluindo um novo género Karachitrema (Allocreadiidae). Ata

Parasitologica Polonica 21, 327-334.

Bilqees, F.M. (1974a). Redescrição da subfamília Orientodiploproctodaeinae Bhutta e Khan, 1970. Baseada em quatro novas espécies, incluindo dois novos géneros. Sindh Univ. Res. J., 8: 3142.

Bilqees, F.M. (1974b). Variações morfológicas em *Bianium plicitum* (Linton, 1928) Stunkard, 1930 (Trematodes) de um peixe da costa de Karachi. Ata Parasit. Pol., 26: 305-310.

Bilqees, F.M. (1976a). *Olivacreadium* n. gen. (Trematoda: Opecoelidae) com base em duas novas espécies de peixes da costa de Karachi. Norw. J. Zool, 24: 33-36.

Bilqees, F.M. (1976b). Um novo trematódeo do género *Helicometrina*

Bilqees, F.M. (1976c). Dois tremátodes do género *Prosorhynchus* Odhner, 1905 (Bucephalidae) incluindo uma nova espécie *P. erumenis* do peixe *Psettodes erumei* (Bl. Schn.) da costa de Karachi. Norw. J. Zool., 24: 345-348.

Bilqees, F.M. (1976d). Um comentário sobre a relação de *Prosorhynchus thapari* [Manter, 1953 (Trematoda)] do peixe *Plectorhynchus cinctus* (T.S.) da costa de Karachi, com uma nota sobre a sua ultra-estrutura de superfície. Proc. Pak. Acad. Sci., 13: 29-33.

Bilqees, F.M. (1977a). *Pleorchis ghanensis* Fischthal et Thomas, 1968 (Trematoda: Pleorchidae, Poche, 1926) de um novo peixe hospedeiro *Pseudosciaena diacanthus* (Lac.) da costa de Karachi. Pak. J. Zool., 9: 107.

Bilqees, F.M. (1977b). A sinonímia e a ultra-estrutura da superfície do trematódeo *Prosorhynchus platycephali* (Yamaguti, 1934) Srivastava, 1938 de *Platycephalus scabar* ao largo da costa de Karachi. Proc. Pak. Acad. Sci., 14: 81-87.

Bilqees, F.M. (1978a). Redescrição de *Aephnidiogenes senegalensis* Dollfus et Capron, 1958 Trematoda, Lepocreadiidae, com um novo registo de hospedeiro. Ata Parasitologica Polonica 25: 205.

Bilqees, F.M. (1978b). *Tergestia karachiensis* sp. n. (Trematoda: Fellodistomoidae) do peixe *Stromateus sinensis*. Zoologica Scripta 7: 255-256.

Bilqees, F.M. (1980). Três trematódeos, incluindo duas novas espécies de peixes da costa de Karachi. Zool. Sci., 9: 89-91.

Bilqees, F.M. 1981. Digenetic trematodes of fishes of Karachi coast. *Academia Kifayat, Carachi*, pp. 207.

Bilqees, F.M. e Durrani, F. (1980). Duas espécies do género *Prosogonotrema* Perez Vigueras, 1940. Pak. J. Zool., 12(2): 205209.

Bilqees, F.M. e Fatima, H. (1995). Histopatologia de parasitas de peixes com especial referência aos peixes da costa de Karachi. Proc. Parasitol, 19: 35-62.

Bilqees, F.M. e Khan, A. (1988). *Plagioporus gonii* nov. sp. (Trematoda: Opecoelidae) do peixe *Labeo gonius* de Kalri, Lago, Sindh, Paquistão. Angew. Parasit., 29: 37-41.

Bilqees, F.M. e Khatoon, N. (2003). *Stromaturus karachiensis* n.gen. n.sp. (Digenea: Hemiuridae: Sterrhurinae) do peixe *Stromateus niger* da costa de Karachi. Pak. J. Zool., 35(1): 25-28.

Bilqees, F.M. e Khatoon, N. (2004). Uma nova espécie de trematódeo *Thynstenopera lobata* n.gen. n.sp. (Trematoda: Opecoelidae: Plagioporinae) do peixe marinho *Thynnus thunnia* da costa de Karachi, Paquistão. Pak. J. Biol. Sci., 7(8): 1343-1345.

Bilqees, F.M. e Khatoon, N. (2004a). *Podocotyle (Pedunculotrema) pakistanicus* n.sp. (Trematoda: Opecoelidae: Plagioporinae) do peixe *Trichiurus savala* da costa de Karachi. Proc. Parasit, 38: 8994.

Bilqees, F.M. e Khatoon, N. (2004b). *Neoeneuterum minutum* n. gen., n. sp. (Trematoda: Opecoelidae: Erenterinae) do peixe *Thynnus thunnia* da costa de Karachi. Turkiye Parazitoloji Dergisi, 28: 161163.

Bilqees, F.M. e Nighat, Y. (1981). Two hemiurid trematodes from the fishes of Karachi coast. *Academia Kifayat*, *Carachi*, pp. 83.

Bilqees, F.M. e Nighat, Y. (1985). Um novo trematódeo *Lecithocladium thynensis*, nova espécie (Trematoda: Hemiuridae) do peixe *Thynnus* sp., ao largo da costa de Karachi. Pak. J. Zool., 17: 211-214.

Bilqees, F.M. e Shabbir, I. (2004). Estudos sobre Monogenea do Paquistão IV. *Allodiscocotyla elongatum* sp. n. (Monogenea: Discocotylidae) do peixe *Chirinemus moadetta* da costa de Karachi. Actas de Parasitologia, 37: 51-54.

Bilqees, F.M. e Shaukat, N. (2008). *Stephanostomum gibsoni* n. sp. do peixe *Pomadasys olivaceum* e *Decemtestis johnii* n. sp. do peixe *Lutjanus johnii. 28º Congresso Paquistanês de Zoologia* (Resumo), 118-119.

Bilqees, F.M. e Shaukat, N. (2009). *Tubulovesicula magnacirrosa* (Trematoda: Heiuridae Looss, 1899) do peixe *Pseudosciaena diacanthus* da costa de Karachi. *29º Congresso Paquistanês de Zoologia* (Resumo).

Bilqees, F.M. Khalil, B., Khatoon, N., Muti-ur-Rehman e Parveen, S. (2010). *Tubulovescicula dorabi*, nova espécie (Trematoda: Hemiuridae Looss, 1899: Dinurinae Looss, 1907) do peixe *Chirocentrus dorab* (Forsk.) da costa de Karachi. Pakistan Journal of Zoology, 42: 611-613.

Bilqees, F.M., Fatima, H., Khatoon, N. e Khan, A. (1997). Tmorous growth in the acanthocephalan infected intestine of *Muraenesox cinerus* (Forsk). Proc. Parasitol, 24: 17-20.

Bilqees, F.M., Fatima, H., Khatoon, N. e Khan, A. (1999). Alterações degenerativas foliculares no fígado de *Hilsa ilisha* associadas a Anisakis larviae e uma nota sobre os seus aspectos de saúde pública. Proc. parasitol, 26: 11-23.

Bilqees, F.M., Ghazi, R.R., Khan, A. e Khatoon, N. (2004). *Parapolylekithum karachiensis* n.gen. n.sp. (Digenea: Allocreadiidae) do peixe *Cybium guttatum* da costa de Karachi. Ata Parasit. Turc., 28(3): 164-166.

Bilqees, F.M., Hadi, R., Khatoon, N., Muti-ur-Rahman e Perveen, S. (2009). *Qadriana otolithi* n. sp., (Hemuridae: Dinurinae Looss, 1907) do peixe *Otolithus argenteus* (Sciaenidae) da costa de Karachi, Paquistão. Jornal Internacional de Biologia e Biotecnologia, 6: 109-111.

Bilqees, F.M., Hadi, R., Khatoon, N., Muti-ur-Rehman, Perveen, S. e Haseeb, M.F. (2009). *Opegaster alykhani* n. sp. (Digenea: Opecoelidae) do peixe *Lutjanus argentimaculatus* (Day) da costa de Karachi. Actas de Parasitologia, 48: 65-71.

Bilqees, F.M., Hadi, R., Shaukat, N., Khatoon, N. e Haseeb, M.F. (2010). Um novo trematódeo do género *Neodichadena* Yamaguti, 1971 (Digenea: Hemiuridae Luhe, 1901: *Lecithasterinae* Odhner, 1905) Parasita do peixe *Triacanthus brevirostris* (T.S) do porto de peixe, Karachi. Actas de Parasitologia, 49: 27-33.

Bilqees, F.M., Haseeb, M.F., Muti-ur-Rahman e Perveen, S. (2009). Duas novas espécies do género *Lecithochirium* Lühe, 1909 (Trematoda: Hemiuridae: Lecithochiriinae) de peixes da costa de Karachi. Actas de Parasitologia, 47: 33-42.

Bilqees, F.M., Khalil, B., Khan, A. e Haseeb, M.F. (2009). *Microvesicula otolithi* n. gen., n. sp. (Trematoda: Hemiuridae: Lecithastirinae) do peixe *Otolithus argenteus* (C.V.) da costa de Karachi, Paquistão. Jornal Internacional de Biologia e Biotecnologia, 6: 99-101.

Bilqees, F.M., Khalil, B., Khan, A. e Haseeb, M.F. (2012). *Neodiploproctodaeum karachiensis* n. gen., n. sp. (Digenea: Leprocreadidea) do peixe *Lagocephalus lunaris* (Tetradontiformis: Tetradontidae) da costa de Karachi, Paquistão. Pakistan Journal of Zoology, 44: 671-674.

Bilqees, F.M., Khalil, B., Khan, A. Perveen, S. e Muti-ur-Rehman, (2009). Descrição de uma nova espécie do género *Prosorhynchus* Odhner, 1905 (Trematoda: Bucephalidae: Prosorhynchinae) do peixe *Caranx affinis* (Rupp.) da costa de Carachi. Actas de Parasitologia, 48: 33-42.

Bilqees, F.M., Khalil, B., Khan, A., Haseeb, F.M. e Perveen, S. (2010). Dois novos trematódeos hemiurídeos do peixe *Plectorhynchus cinctus* (T.S.) da costa de Karachi. Jornal Internacional de Biologia e Biotecnologia, 7: 9-13.

Bilqees, F.M., Khatoon, N. e Hadi, R. (2003). Uma nova espécie do género *Stromaturus* Bilqees e Khatoon, 2003 de um peixe, *Otolithus argenteus* da costa de Karachi. Ind. J. Exp. Zool., 8(2): 435439.

Bilqees, F.M., Khatoon, N. e Hadi, R. (2003). Uma nova espécie do género *Stromaturus* Bilqees e Khatoon, 2003 de um peixe, *Otolithus argenteus* da costa de Karachi. Ind. J. Exp. Zool., 8(2): 435439.

Bilqees, F.M., Khatoon, N. e Hadi, R. (2005). Uma nova espécie do género *Stromaturus* Bilqees & Khatoon, 2003 de um peixe *Otolithus argenteus* da costa de Karachi. Journal of Experimental Zoology, Índia, 8: 435-439.

Bilqees, F.M., Khatoon, N. e Haseeb, M.F. (2006). *Bucephalus hexalobatus* n. sp. (Gasterostomata Odhner, 1905: Bucephalidae Poche, 1907: Bucephalinae Nicoll, 1914) do peixe *Pomadasys olivaceus* da costa de Karachi, Paquistão. Jornal Internacional de Biologia e Biotecnologia, 3: 665-667.

Bilqees, F.M., Khatoon, N. e Muti-ur-Rehman, (2007). Duas espécies de um novo género de trematódeo *Thynotrema* (Spirorchiidae: Coeuritrematinae) do peixe *Thynnus thunnia* da costa de Karachi, Paquistão. Jornal Internacional de Biologia e Biotecnologia, 4: 14.

Bilqees, F.M., Khatoon, N. e Nawaz, Y. (2011). *Conica trilobata* n. gen. n.sp., (Trematoda: Hemiuridea: Dinurinae) do peixe, Otolithus argenteus, da costa de Karachi. Pakistan Journal of Zoology, 43: 21-24.

Bilqees, F.M., Khatoon, N., Bibi, R. e Mutiur-Rehman, (2007). *Rastridostomum kanagurtae* n. gen., n. sp. (Allocreadiidae: Crepidostominae) do peixe *Rastrelliger kanagurta* da costa de Karachi. Actas de Parasitologia, 44: 23-27.

Bilqees, F.M., Khatoon, N., Ghazi, R.R. e Khan, A. (2004). *Diacanthmonorchis karachiensis* n. gen., n. sp. (Trematoda: Monorchiidae: Laciotocinae) do peixe *Pseudosciaena diacanthis* em Karachi. 24° Congresso de Zoologia do Paquistão (Resumo). 24.

Bilqees, F.M., Khatoon, N., Khan, A. e Muti-ur-Rehman, (2006). *Lecithocladium olivacae* sp. n. (Digenea: Hemiuridae, Elytrophainae) do peixe *Pomadasys olivaceum* da costa de Karachi. Abstrato, *26° Congresso de Zoologia do Paquistão* p 26.

Bilqees, F.M., Khatoon, N., Shabir, I., Shaukat, N., Muti-ur-Rehman e Khan, A. (2005a). Espécies do género *Lecithocladium* Luhe, 1909 (Digenea: Hemiuridae Looss, 1899: Elytrophallinae Skrjabin et Guschanskaja, 1954) de peixes da costa de Karachi, com descrição de uma nova espécie. Proc. Parasit., 39: 117-148.

Bilqees, F.M., Shabbir, I. e Haseeb, M.F. (2004). *Dujardinascaris karachiensis* n. sp. (Heterocheilidae: Filocapsulariinae) do peixe *Pomadasys olivaceus*. Anais de Parasitologia, 38: 63-69.

Bilqees, F.M., Shabbir, I., Khalil, B., Khan, A. e Perveen, S. (2010). *Pleorchis karachiensis* n. sp. (Trematoda: Pleorchidae Poche, 1926) do peixe *Sciaena dussumeiri* da costa de Karachi. Jornal Internacional de Biologia e Biotecnologia, 7: 15-18.

Bilqees, F.M., Shaukat, N. e Feroze, R. (2004). *Hysterolecitha flaticaudata* n.sp. (Digenea: Hemiuridae: Hysterolecithinae) do peixe *Engraulis purava* da costa de Karachi. Proc. Parasit., 38: 95101.

Bilqees, F.M., Shaukat, N. e Haseeb, M.F. (2003). *Neodiptherostomum karachiensis* gen. n., sp. n. (Zoogonidae: Diptherostominae) do peixe *Pseudosciaena diacanthus* da costa de Karachi. Actas de Parasitologia, 36: 1-5.

Black, J., Fox, H., Black, P. e Bock, F. (1984). Efeitos carcinogénicos de extractos de sedimentos de rios em peixes e ratos. In water chlorination chemistry. Environmental Impact and Health Effects, eds. R. L. Jolley, R.J. Bull, W.P Davis, S. Katz, M H. Roberts, Jr., e V. A. Jacobs, pp. 415 - 427. Chelsea, Mich, Lewis Publishers.

Black, J.J. (1983a). Field and Laboratory Studies of Environmental Carcinogenesis in Niagara River Fish. J. Great Lakes Res. 9(2): 326-334.

Black, J.J. (1983b). Epidermal Hyperplasia and Neoplasia in Brown Bullheads Ictalurus nebulosus) in Response to Repeated

Aplicações de um extrato de sedimento fluvial poluído que contém PAH. Em: M.W. Cooke e A.J. Dennis (eds), Polynclear Aromatic Hydrocarbons: Formation, Metabolism, and Measurement (Formação, Metabolismo e Medição). Battelle Press, Columbus, Ohio. pp. 99-112.

Black, J.J. (1984). Aquatic animal neoplasia as an indicator for carcinogenic hazards to man. *Em* Hazard assessment of chemicals- current developments. Ed. J. Saxena. Academic Press Inc.. Nova Iorque. pp. 181-232.

Black, J.J. e Baumann, P.C. (1991). Carcinogéneos e cancros em peixes de água doce. Environ. Health Perspect. 90: 27-33.

Black, J.J., Evans, E.D., Harshbarger, J.C. e Zeigel, R.F. (1982). Neoplasias epizoóticas em peixes de um lago poluído por resíduos de mineração de cobre. J. Natl. Canc. Inst. 69: 915-926.

Black, J.J., Fox, H., Black, P. e Bock, F. (1985). Carcinogenic Effects of River Sediment Extracts in Fish and Mice (Efeitos Carcinogénicos de Extractos de Sedimentos Fluviais em Peixes e Ratos). In: R.L. Bolley, R.J. Bull, W.P. Davis, S. Katz, M.H. Roberts, Jr. e V.A. Jacobs (eds), Water Chlorination Chemistry: Environmental Impacts and Health Effects, pp. 415-427. Lewis Publishers, Chelsea, Michigan.

Blazer, V.S. e Schrank, C.S. (1995). Linfoma maligno em cabeça de touro negra da Baía de Allouez. Dis Aquat Org 23: 229-234 Superior, Wisconsin, EUA

Blazer, V.S., Fournie, J.W., Wolf, J.C. e Wolfe, M.J. (2006). Critérios de diagnóstico para lesões hepáticas proliferativas no bullhead castanho *Ameiurus nebulosus*. Dis. Aquat. Org. 72: 19-30.

Blazer, V.S., Rafferty, S.D., Baumann, P.C., Smith, S.B. e Obert, E.C. (2009). Avaliação da deficiência de utilização benéfica "tumores em peixes ou outras deformações" em Brown Bullhead (*Ameiurus nebulosus*): II. Neoplasia hepática. J. Great Lakes Res. 35(4): 527537.

Bogovski, S., Rossi, L., Bocchini, V., Lastrioli, S., Aiello, C. e Santi, L. (1994). Caracterização imuno-histoquímica do linfoma maligno no lúcio do Norte, Esox lucius L., das águas do Báltico da Estónia. J. Fish Dis., 17: 557-566.

Boorman, G.A., Botts, S., Bunton, T.E., Fournie, J.W. e 6 outros (1997). Critérios de diagnóstico para lesões hepáticas degenerativas, inflamatórias, proliferativas não neoplásicas e neoplásicas em medaka (*Oryzias latipes*): consenso de um grupo de trabalho de patologia do Programa Nacional de Toxicologia. Toxicol. Pathol., 25: 202-210.

Borneff, J. e Andfischer, R. (1962). Kanzerogene Substanzen in Wasser und Boden. VII. Untersuchungen an filter aktivkohle nach Verwendung im Wasserwerk. Arch. Hyg. u. Bakt., 146: 1-16.

Bowser, P.R., Martineau, D. e Wooster, G.A. (1990). Effects of water temperature on experimental transmission of dermal sarcoma in fingerling walleyes. J Aquat Anim Health 2: 157-161.

Bowser, P.R., McCoy, C.P. e MacMillan, J.R. (1985). Um distúrbio linfoproliferativo em um bagre de canal, Ictalurus punctatus (Rafinesque). J. Fish Dis. 8: 465-469

Bowser, P.R., Wolfe, M.J., Forney, J.L. e Wooster, G.A. (1988). Prevalência sazonal de tumores cutâneos em walleye (*Stizostedion vitreum*) do lago Oneida, Nova Iorque. J. Wildl. Dis., 24: 292298.

Bowser, P.R., Wolfe, M.J., Reimer, J. e Shane, B.S. (1991). Epizootic papillomas in brown bullheads *Ictalurus nebulosus* from Silver Stream Reservoir, New York. Dis Aquat Org 11: 117-127

Brem, H. e Folkman, J. (1975). Inibição da angiogénese tumoral mediada pela cartilagem. Jornal de Medicina Experimental 141: 427439.

Brooks, R.E., McAm, G. E. e Wellings, S.R. (1969). Observações ultra-estruturais sobre um tipo de célula não identificado encontrado em tumores epidérmicos de linguados. J. natn. Cancer Inst., 43: 97-109.

Brown, E.R., Hazdra, J.J., Keith, L., Greensberg, S., Kwapinski, J.B.G. e Beamer, P. (1973). Frequency of fish tumours in a polluted watershed as compared to nonpolluted Canadian waters (Frequência de tumores em peixes numa bacia hidrográfica poluída em comparação com águas canadianas não poluídas). Cancer Res. 33: 189-198

Brown, E.R., Keith, L., Hazdra, J.J. e Sinclair, T.F. (1974). Agentes oncogénicos encontrados em peixes que habitam um sistema de águas poluídas: implicações para a leucemia e o linfossarcoma. Actas da Associação Americana para a Investigação do Cancro.15: 22.

Budd, J., Schroder, J.D. e Dukes, D.D. (1975). Tumores da perca amarela. *Em* The pathology of fishes. Eds. W.E. Rebelin e G. Migaki. Univ. of Wisconsin Press. Madison, Wisconsin. pp. 895906.

Bussmann, B. e Ehrich, S. (1979). Investigação sobre a infeção do verdinho (Micromesistius poutassou) com larvas de Anisakis sp. (Nematoda: Ascariddida). Arch. Fischereiwiss, 29: 155 - 165.

Cable, 1956. *Opistholebes didentis* n. sp., seu desenvolvimento no hospedeiro final, as afinidades de alguns trematódeos amphiostomatus de peixes marinhos e o problema do alocreadioide. Parasit., 46 (1-2): 113.

Cable, R.M. e Linderoth, J. (1963). Taxonomia de alguns acanthocephala de peixes marinhos com a referência a espécies de Guraçao, N.A. e Jamica. J. Parasitol, 49: 706 - 716.

Cairns, V.W. e Fitzsimmons, J.D. (1988). A ocorrência de papiloma epidérmico e neoplasia hepática em otários brancos (Catostomus commersoni) do Lago Ontário. Em Proc. 14th Ann. Aquatic Tox. Wkshop, Nov. 1987, pp. 151-152, Toronto, Ontário, Canadá. Niimi, A.J. e K.R. Solomon (eds). Tech. Rep. Fish. Aquat. Sci. No. 1607.

Caldwell, C.A. (1993). Respostas hematopatológicas e histopatológicas em peixes do rio Nemadji após o derrame químico de 30 de junho de 1992. In: Documentation of natural resource injury resulting from the June 30, 1992 Nemadji fiver spill. U.S. Fish and Wildlife Service, National Fisheries Contaminant Research Center, La Crosse, WI, p 1-25

Cantwell, G.E., Harshbarger, J.C., Taylor, R.L., Kenton, C., Slatick, M.S. e Dawe, C.J. (1968). A bibliography of the literature on neoplasms of invertebrate animals (Uma bibliografia da literatura sobre neoplasias de animais invertebrados). GANN Monograph on Cancer Research 5: 57-84.

Carlander, K.D. (1969). Handbook of freshwater fishery biology. Vol 1. Universidade Estadual de Iowa, Ames.

Casey, J.W. (2002). Naturally occurring invasive walleye dermal sarcoma and attempted experimental transmission of the tumour. Journal of Aquatic Animal Health, 14: 288-293.

Chatterjee, K. D. (1980). *Parasitology* (*Protozoology and Helminthology*). Editora Médica Chatterjee, Calcutá. 186 pp.

Chen, H.C., Pan, I.J., Tu, W.J., Lin, W.H., Hong, C.C. e Brittelli, M.R. (1996). Resposta neoplásica na medaka japonesa e no peixe-gato de canal expostos à N-metil-N'-nitro-N-nitrosoguanidina. Toxicol. Pathol. 24: 696-706,

Chen, H.H.C., Brittelli, M.R. e Muska, C.F. (1985). Dois casos de lirnfosarcoma em bagres expostos à N-metil1-N'- nitro-N-nitrosoquanidina. J. natl. Cancer Inst.74: 933-939.

Chubb, J.C. (1977b). Ocorrência sazonal de helmintos em peixes de água doce. Parte I. Monogenea. Adv. Parasit., 15: 133-199.

Chubb, J.C. (1979a). Ocorrência sazonal de helmintos em peixes de água doce. Parte II. Trematoda. Adv. Parasit., 17: 141 - 313.

Chubb, J.C. (1980). Ocorrência sazonal de helmintos em peixes de água doce. Parte III. Larvas de Cestoda e Nematoda. Adv. Parasit., 18: 1-120.

Chubb, J.C. (1982). Ocorrência sazonal de helmintos em peixes de água doce. Parte IV. Cestoda, Nematoda e Acanthocephala adultos. Avanços em Parasitologia, 20: 1 - 292.

Cohen, D. M. (1970). Quantos peixes recentes existem? Proc. Calif. Acad. Sci., 37(17):

341-346.

Collins, C.W. e Mulcahy, M.F. (2003). Transmissão sem células de uma neoplasia hemática no berbigão, *Cerastoderma edule*. Diseases of Aquatic Organisms 54: 61-67.

Cooper, R. C. e Keller, C. A. (1969). Epizootiology of papillomas i n English sole, *Parophrys vetutus*. Nat. Cancer Inst. Monogr. 31: 173-185.

Couch, J.A. e Harshbarger, J.C. (1985). Effects of Carcinogenic Agents on Aquatic Animals: An Environmental and Experimental Overview. Environ. Carcinogen. Rev. 3: 63-105.

Cross, S.X. (1933). Alguma relação parasita hospedeiro Trout Lake região do norte de Wisconsin. J. Parasitol, 20: 132-133.

Dawe, C.J. (1969). Neoplasias de origem em células sanguíneas em animais poiquilotérmicos: uma revisão. National Cancer Inst. Monogr. 32: 7-28.

Dawe, C.J. e Stegman, J.J. (1991). (Eds.) Chemically Contaminated Aquatic Food Resources and Human Cancer Risk. Environmental Health Perspectives 90, US Governmental Printing Office, Washington DC.

Dawe, C.J. e Walls, E. (1989). Hans Georg Schlumberger, B.S., M.D. 1913-1967. Jornal da Sociedade Médica do Arkansas 86: 87-88.

Dawe, C.J., Stanton, M.F. e Schwartz, F.J. (1964). Neoplasias hepáticas em peixes nativos que se alimentam no fundo do lago Deep Creek, Maryland. Cancer Res. 24: 1194-1201.

Dawe, E.G., Beck, P.C. e Dew, M.S. (1981). Distribution and biological characteristics of young short-finned squid (*Illex illecbrosus*) in the North west Atlantic, Februrary 20-March II, 1981. Doc. NAFOSCR, nº 23, nº de série N302.

Dawes, B. (1946). The Trematoda, Cambridge University Press.

Dawis. H.S., Hoffman, G.L e Surber, E.W. (1961). Notes on *Sanguinicola davisi* (Trematoda: Sanguinicolidae) in the gills of trout. J. Parasitol. 47: 512-514.

Deardorff, T.L. e Kent, M.L. (1989). "Prevalência de larvas *de Anisakis simplex* em salmões (Salmonidae) criados em cativeiro e capturados na natureza de Puget Sound, Washington" (resumo). Journal of Wildlife Diseases, 25 (3): 416-419.

Dethlefsen, V. (1978). Ocorrência e abundância de algumas deformações esqueléticas, doenças e parasitas das principais espécies de peixes em zonas de descarga ao largo da costa alemã. Coun. Meet. int. Coun. Explor. Mar (= C.M. - I.C.E.S.), E: 8

Down, N.E., Peter, R.E. e Leatherland, J.F. (1988). Conteúdo de gonadotropina da glândula pituitária de híbridos de carpa comum x peixe dourado portadores de tumor gonadal dos Grandes Lagos, avaliado por bioensaio e radioimunoensaio. Gen. Comp. Endocrin. 69: 288300.

Durio, W.O. e Manter, H.W. 1968. Alguns trematódeos digenéticos de peixes marinhos da Nova Caledónia. Parte 1. Bucephalidae, Monorchiidae e algumas famílias mais pequenas. Proc. Helm. Soc. Wash, 35: 143-153.

Edwards, R.H. e Overstreet, R.M. (1976). Tumores mesenquimais de alguns peixes estuarinos do norte do Golfo do México. I. Tumores subcutâneos, provavelmente fibrossarcomas, na tainha listrada, *Mugil cephalus*. Bull. Mar. Sci., 26: 33-40.

Eufemia, N.A., Collier, T.K., Stein. J.E., Watsin, D.E. e di Giulio, R.T. (1997). Reacções bioquímicas ao (*Ameiurus nebulosus*) do ecossistema do rio Niagara. Ecotoxicologia 6 : 13 - 34

Evans, W.A. (1974). Growth, mortality, and hematology of cutthroat trout experimentally infected with the bloodfluke Sanguinicola klamathensis. J. Wildl. Dis., 10: 243 - 248.

Fabacher, D.L. e Baumann, P.C. (1985). Fígados aumentados e componentes da oxidase de função mista microssomal hepática em peixes-touro portadores de tumores de um rio quimicamente contaminado. Environ. Toxicol. Chem. 4: 703-710.

Fahmy, M.A.M. e Selim, M.K. (1959). Studies on some trematodes parasites of dogs in Egypt with special references to the role palyed by fish in their transmission. Z. parasitenk., 19: 3 - 13.

Farooq, M. e Khanum, Z. (1980). Duas novas espécies do género *Lecithocladium* Luhe, 1901 (Digenea: Hemiuridae) de peixes marinhos da costa de Karachi, Paquistão. Jornal de Zoologia do Paquistão, 12: 221-224

Farooq, M. e Sadiq, (1992). FAO, 1992: FAO year book 1991 fishery statistic catches and landing. FAO fisheries series *39* (1993, series 44) series 38: 1-41.

Fatima, H. e Bilqees, F.M. (1989). Variação sazonal de nemátodos e acantocéfalos de alguns peixes da costa de Karachi. Proc. Parasitol, 7 & 8: 1 - 201

Feist, S.W., Lang, T., Stentiford, G.D. e Kohler, A. (2004). Biological effects of contaminants: use of liver pathology of the European flatfish dab (*Limanda limanda* L.) and flounder (*Platichthys flesus* L.) for monitoring. ICES Tech Mar.

Fischthal, J.H. e Thomas, J.D. (1968). Trematódeos digenéticos de peixes marinhos do Gana: Famílias Acanthocolpidae, Bucephalidae, Didymozoidae. Proc. Helm. Soc. Wash, 35: 237-247.

Gardner, G.R., Pruell, R.J. e Folmer, L.C. (1989). A comparison of both neoplastic and non-neoplastic disorders of winter flounder (*Pseudopleuronectes americanus*) from eight areas in New England. Mar. Environ. Res. 28: 393-397.

Gardner, G.R., Yevich, P.P., Harshbarger, J.C. e Malcolm, A.R. (1991). Carcinogenicidade do sedimento de Black Rock Harbor para a ostra oriental e transferência trófica de carcinogéneos de Black Rock Harbor do mexilhão azul para a solha de inverno. Environmental Health Perspectives 90: 53-66.

Gibson, D.I e Bray, R.A. (1986). Um estudo e reorganização do Atlântico Nordeste. Bull. Brit. Mus. (nat. Hist.), Zool. Ser., 51 (1): 1- 125.

Goede, R.W. (1993). Fish health/condition assessment procedures. Parte 1. Utah Division of Wildlife Resources, Fisheries Experimental Station, Logan.

Goede, R.W. e Barton, B.A. (1990). Índices organísmicos e uma avaliação baseada na autópsia como indicadores da saúde e do estado dos peixes. In: Adams SM (ed) Biological indicators of stress in fish. Am. Fish Soc. Symp. 8. Sociedade Americana de Pesca, Bethesda, MD, p 93-108

Grass-Nawrzyniak, B., Grawinski, E. e Wawrzyniak, W. (1979). Parazytofauna wegorzycy Zoarcs viviparous (L) z. Zaatoki Punkiej. Med. Wet., 35: 557 - 561.

Grizzle, J.M. e Williams, E.H. (1983). Fibroma dérmico num peixe-papagaio de faixa vermelha, *Sparisoma aurofrenatum* (Valenciennes). J. Fish. Dis. 6: 205-209.

Haddow, A. B. I. (1933). Neoplasia em peixes: relato de seis casos com um resumo da literatura. J. Path. Bacterial, 36: 41-47.

Hadi, R. (2009). Estudos sobre trematódeos monogenéticos de alguns peixes da costa de Karachi. Tese de doutoramento, Universidade Jinnah para Mulheres, Carachi. pp.77-157.

Hadi, R. e Bilqees, F.M. (2010a). *Neogotocotyla rohdii* n. gen., n. sp. (Monogenea: Gotocotylidae Lebedev, 1984) num peixe perciforme de Karachi, Paquistão. Proceedings of Parasitology, 50: 91-95.

Hadi, R. e Bilqees, F.M. (2010b). *Microcotyle rubrum* n. sp (Monogenea: Microcotylidae) de *Otolithus ruber* da costa de Karachi, Paquistão. Actas de Parasitologia, 50: 115-126.

Hadi, R. e Bilqees, F.M. (2010c). *Allomicrocotyla niger* n. sp. (Monogenea: Allomicrocotylidae) de *Parastromateus niger* da costa de Karachi, Paquistão. Jornal *Internacional* de Biologia e Biotecnologia, 7: 361-363.

Hadi, R. e Bilqees, F.M. (2011a). *Allodiscocotyla pakistanensis* n. sp. (Monogenea, Diciidophoroidea: Discocotylidae) do peixe *Chorinemus tol* da costa de Karachi, Paquistão. Jornal Internacional de Biologia e Biotecnologia, 8: 1-4.

Hadi, R. e Bilqees, F.M. (2011b). *Microcotyle argenticus* n. sp. (Monogenea) no peixe *Pampus argenticus* da costa de Karachi. Actas de Parasitologia, 51: 99-111.

Hadi, R. e Bilqees, F.M. (2012a). *Cathucotyle arabiansis* n. sp. (Monogenea: Gotocotylidae Lebedev, 1984) do peixe *Scomberomorus guttatus* da costa de Karachi, Paquistão. Jornal Internacional de Biologia e Biotecnologia, 9: 51-54.

Hadi, R. e Bilqees, F.M. (2012b). *Cathucotyle bilqeesae* n. sp. (Monogenea: Gotocotylidae) do peixe *Scomberomorus commerson* da costa de Karachi, Paquistão. Anais de Parasitologia, 53: 77-81.

Hadi, R., Bilqees, F.M. e Khatoon, N. (2011). *Microcotyle jonii* n. sp. (Monogenea: Microcotylidae) no peixe *Lutjanus jonii* da costa de Karachi. Actas de Parasitologia, 52: 69-81.

Haffner. (1998). Acumulação de substâncias químicas e stress toxicológico em três populações de cabeça de touro castanho (Ameiurus nebulosus) do rio Detroit, Michigan, EUA. Environ. Toxicol. Chem. 17(9): 17561766.

Haller, R.D. e Roberts, R.J. (1980). Neoplasia dupla num espécime de *Sarotherodon spilurus spilurus* (Gunter) (=Tilapia *spilurus*). J. Fish Dis. 3: 63-66.

Halver, J. E. (1962). Um resumo do progresso da investigação sobre o hepatoma da truta. In: H. F. Kraybill (ed.), Gabinete de Estudos de Campo, Instituto Nacional do Cancro.

Harkin, J.C. e Reed, R.J. (1969). Tumores do sistema nervoso periférico. Instituto de Patologia das Forças Armadas, Washington, DC.

Harshbarger, J.C. (2002). Neoplasia e anomalias do desenvolvimento. In: BSAVA Manuel of Ornimental Fish. (William H. Wildgoose Ed.) Segunda edição. Capítulo 27: 219-224. British Small Animal Veterinary Association, Gloucester, Inglaterra.

Harshbarger, J.C. e Clark, J.B. (1990). Epizootiologia de neoplasias em peixes ósseos da América do Norte. Sci. Total Environ. 94: 1-32.

Harshbarger, J.C., Charles, A.M. e Spero, P.M. (1981). Recolha e análise de neoplasias em animais sub-horneotérmicos de um ponto de vista filético. In: Dawe, C.J., Harshbarger, J.C., Kondo, S., Sugimura, T. e Takayama, S. (eds) Phyletic approaches to cancer Japan Scientific Soc~eties Press, Tokyo, p. 357-385

Harshbarger, J.C., Cullen, L.J., Calabrese, M.J., Spero, P.M., Baumann, P.C. e Parland, W.K. (1984). Carcinomas epidérmicos, hepatocelulares e colangiocelulares em cabeças de touro castanhas, *Ictalurus nebulosus*, de Black River, Ohio, poluído industrialmente. Marine Environmental Research 14: 535-536.

Hawkins, W.E., Overstreet, R.M. e Walker, W.W. (1988). Modelos de pequenos peixes para a identificação de carcinogéneos no ambiente aquoso. Water Resour. Bull, 24: 941-949.

Hayes, M..A., Smith, I.R., Rushmore, T.H., Crane, T.L., Thorn, C., Cocal, T.E. e Ferguson, H.W. (1990). Patogénese de neoplasias da pele e do fígado em otários brancos de zonas poluídas industrialmente no Lago Ontário. Sci. Total Environ. 94: 105-123

Heidel, J.R., Rockey, D.D. e Duimstra, J.R. (1992). Carcinoma de células acinares do pâncreas no salmão-coho *Oncorhynchus kisutch.* Dis. Aquat. Organ., 13: 151-154.

Hendricks, J.D., Meyers, T.R., Shelton, D.W., Casteel, J.L. e Baily, G.S. (1985). The Hepatocarcinogenesis of Benzo(a)pyrene to Rainbow Trout by Dietary Exposure and Intra-peritoneal Injection [A Hepatocarcinogénese do Benzo(a)pireno na Truta Arco-

Íris por Exposição Dietética e Injeção Intra-peritoneal]. J. Nat. Cancer Inst., 74: 839-851.

Hinton, D.E. (1989). Environmental Contamination and Cancer in Fish (Contaminação ambiental e cancro nos peixes). Marine Environ. Res. 28:411-416 IJC (International Joint Commission) (1987) Guidance on characterization of toxic substance problems in areas of concern in the Great Lakes Basin. Grupo de Trabalho de Vigilância. Comissão Conjunta Internacional, Windsor,

Histein, T., Hjeltines, B., Lillehang, A., Skire, U.J., Berntssen, M. e Lundebye, A.K. (2006). Perigos para a segurança alimentar que ocorrem durante a fase de produção: desafios para a piscicultura e a indústria pesqueira. Rev. Sci. Tech. Int. Epiz., 25 (2): 607-625.

Hoffman G.L., Fried, B. e Harvey, J.E. (1985). *Sanguinicola fontinalis* sp. Nov. (Digenea: Sanguinicoiidae): um parasita do sangue da truta de ribeiro, *Salvelinus fontinalis* (Mitchill.), e da dança do nariz comprido, *Rhinichthys cataractae* (Valenciennes). J. Fish Dis., 8: 529-538.

Hoffman, G.L. (1967). Parasites of North American Freshwater Fishes. University of California Press. Berkeley & Los Angeles.

Hoffmann, R.W., Fischer-Scherl, T. e Pfeil-Putzien, C. (1988). Linfossarcoma em um grayling selvagem, *Thymallus thymallus* L.: um relato de caso. J. Fish Dis., 11: 267-270.

Horn, M. H. (1972). The amount of space available for marine and fresh water fishes (A quantidade de espaço disponível para peixes marinhos e de água doce). NOAA Fish. Bull., 70(4): 1295-1297.

IJC (Comissão Mista Internacional) (1989). Proposta de critérios de retirada da listagem para as zonas de interesse dos Grandes Lagos. Focus on international joint commission activities, Vol 14, Issue 1. Comissão Mista Internacional Windsor.

Imai, T. e Fujiwara, N. (1959). Estudo de microscopia eletrónica de um crescimento hiperplásico semelhante a um papiloma num goby, Acanthogobius flavimanus. Kyushu J. med. Sci., 10: 135-147.

Comissão Mista Internacional. 1989. Guidance on characterization of toxic substances problems in the Great Lakes Basin. Relatório para o Conselho de Qualidade da Água dos Grandes Lagos. Windsor. Ontário.

Ito, Y., Kimura, I. e Miyake, T. (1976). Investigações histopatológicas e virológicas de papilomas em solhas e gobies nas águas costeiras do Japão. Prog. exp. Tumor Res., 20: 86-93.

Jahan, I. (1970). Um novo parasita trematódeo *Acerointesticola karachiensis* n. gen., n. sp. (Sub-família Stomachicolinae Yamaguti, 1934) do intestino de um peixe. Rec. Zool. Surv. Pak., 1: 39-41.

Janisch, T. (1992). The St. Louis River System remedial actions plan. Primeira fase. Apêndice D. Avaliação da qualidade dos sedimentos na área de interesse do rio St. Louis. Wisconsin Department of Natural Resources, Bureau of Water Resources Management, Madison.

Jehan, I. (1973a). Um novo trematódeo parasita *Laruea straightum* (n. sp.) de peixes marinhos de Karachi. Registos: Zoological Survey of Pakistan 5: 49-50.

Jehan, I. (1973b). Uma nova espécie de Helicometrina (Trematoda: Subfamília Allocreadinae). Registos: Zoological Survey of Pakistan 5: 45- 47.

Jehan, I. e Azam, O.Z. (1975). Sobre uma nova espécie *Allostomachicola chirocentri* do género *Allostomachicola* Srivastava, 1939 (Subfamília Stomachicolinae) peixes marinhos Registos: Zoological Survey of Pakistan 5: 41-44

Johnstone, J. (1925). Malignant tumours in fishes (Tumores malignos em peixes). In Proceedings and Transactions of the Liverpool Biological Society, 39: 169-200.

Joseph, B., Pradeep, D. e Sujhata, S. (2012). Estudo relativo à hematologia, teor de glicogénio e alterações histológicas em órgãos de *Anabas testudineus* de parvathiputhanar (Poluído) e rio karamana (Água Doce). Res. J. Envir. Sci., 6: 26-35.

Kates, S., Wright, K.A. e Wright, R. (1973). Um caso de infeção humana com o nemátodo do bacalhau *Phocanema sp*. Am. J Trop, Med, Hyg., 22: 606-608.

Katkansky, S.C. (1974). Neoplasia em Peixes Maxine da Califórnia. Relatório administrativo sobre recursos marinhos nº 74-1.

Kelle, W. (1977). Unterschiedich starker parasitentienbefall derr wittinge Merlangus merlangus des Neuwerker Fabrwssers in sommer 1974. Arch. Fischereiwissenschaft.

28: 65 - 68.

Keneddy, C.R. (1969b). Incidência sazonal e desenvolvimento do cestode *Carynophylaeus laticeps* (Pallas) no rio Ayon. Parasitologia, 59: 783-794.

Kennedy, C.R.A. (1969a). The occurrence of *Eubothrium crassum* (Cestoda: Pseudophyllidea) in salmon *Salmo Salar* and trout *S. trutta* of the 1 River Exe. J. Zool. Lond., 157: 1 - 9.

Khalil, L.F. (1969). Estudos sobre os helmintos parasitas de peixes de água doce do Sudão. J.Zool. London, 158: 143-170.

Khalil, L.F. (1971). Checklist of the helminthe parasites of freshwater fishes. Tech. Comm. 42, comm. inst. Helm., C.A.B. Inglaterra. 80 pp.

Khatoon, N., Bilqees, F.M., Fatima, H., Khan, A. e Huma, S. (1999). Estudos sobre larvas de nemátodos de peixes de importância para a saúde pública: Granuloma gástrico de Anisakis no peixe *Arius caelatus* (Valencienres, 1840). Proc. Parasitol. 27: 51-61.

Khudoley, V.V. (1971). Indução de tumores hepáticos por nitrosaminas em peixes de aquário (*Lebistes reticulatus*). Voprosy Onkologii (Leningrado) 17: 67-72.

Kimura, I., Ando, M., Kinae, N., Wakamatsu, Y., Ozato, K. e Harshbarger, J.C. (1984). Indução de tumores branquiais por MNNG num híbrido F1 de peixe-espada 3 e em medaka (*Oryzias latipes*) e indução de hepatomas por nifurpirinol em medaka. Annu Rep. Aichi. Cancer Res. Inst. 1982-1983. Nagoya, Japão, pp. 60-62.

Kimura, I., Taniguchi, N., Kumai, H., Tomita, I., Kinae, N., Yoshizaki, K., Ito, M. e Ishikawa, T. (1984). Correlação de observações epizootiológicas com dados experimentais: Indução química de cromatoforomas na corvina, *Nibea mitsukurii*. In: Use of Small Fish in Carcinogenicity Testing, (Hoover, K.L. Ed), National Cancer Institute Monograph 65: 139- 154.

Kinae, N., Yamashita, M., Tomita, I., Kimura, I., Ishida, H., Kumai, H. e Nakamura, G. (1990). Uma possível correlação entre produtos químicos ambientais e neoplasia de células pigmentares em peixes. Ciência Tot. Ambiente, 94: 143-153.

Kinne, O. (1980). Diseases of Marine Animals. Vol. 1 John Wiley & Sons . Chichester. Nova Iorque, Brisbane, Toronto.

Ljungberg, O. (1980). Tumores cutâneos no lúcio do norte (*Esox lucius* L.): estudos de transmissão e imunização. In: Advances in Comparative Leukemia Research 1979 (Yohn, D.S., Lapin, B.A. e Blakeslee, J.R., Eds.), pp. 213-214. Elsevier/North-Holland: NewYork, pp. 213-214.

Lucke, B. e Schlumberger, H.G. (1941). Epiteliomas transplantáveis do lábio e da boca do peixe-gato. I. Patologia. Transplante para a câmara anterior do olho e para a córnea. Journal of Experimental Medicine, 74: 397-408.

Lucky, Z. (1964). Contribuição para a patologia e patogenicidade de *Sanguinicola inermis* em carpas juvenis In. Ergens, R. e Rysavy, B. (ed.) Parasitic worms and Aquatic Conditions. Academia de Ciências da Checoslováquia, pp. 153-157

Maccubbin, A.E. e Black, J.J. (1990). 32P-Postlabeling detection of DNA adducts in fish from chemically contaminated waterways (Deteção de aductos de ADN em peixes de cursos de água quimicamente contaminados). Science Total Environ. 94: 89-104.

Maccubbin, A.E. e Ersing, N. (1991). Tumores em peixes do rio Detroit. Hydrobiol, 219: 301-306.

Maccubbin, A.E., Black, J.J. e Harshbarger, J.C. (1987). Um relato de caso de carcinoma hepatocelular em barbatana de arco, *Amia calva* L. Journal of Fish Diseases 10: 329-331.

Maccubbin, A.E., Black, P., Trzeciak, L. e Black, J.J. (1985). Evidência de hidrocarbonetos aromáticos polinucleares na dieta de peixes que se alimentam no fundo. Bull. Environ. Contam. Toxicol., 34: 876-882.

Malins, D.C., McCain, B.B., Brown, D.W., Chan, S., Myers, M.S., Landahl, J.T., Prohaska, P.G., Freidman, A.J., Rhodes, L.D., Burrows, D.G., Gronfund, W.D. e Hodgins, H.O. (1984). Chemical pollutants in sediments and diseases of bottom-dwelling fish in Puget Sound, Washington. Environ. Sci. Tech., 18: 705713.

Manter, H.W. (1940). Gasterostomes (Trematoda) de Tortugas, Flórida. Papers from Tortugas Lab., 33(1): 1-19.

Manter, H.W. (1940a). Digenetic trematodes of fishes from the Galapagos Islands and the neighbouring Pacific. Allan Hancock Pacific Expeditions, 2: 325-497.

Manter, H.W. (1940b). Digenetic trematodes of fishes from the Galapagos Islands and the neighbouring Pacific. Allan Hancock Pacific Expeditions, 2: 531-547.

Manter, H.W. (1947). Os trematódeos digenéticos de peixes marinhos de Tortugas, Flórida. Amer. Midl. Nat., 3: 257-416.

Margolis, L. (1970). Doenças de nemátodos em peixes marinhos. In: Simpósio sobre doenças de peixes e moluscos. Am. Fish Soc. Spe., publ., 5: 190-208.

Martineau, D. e Ferguson, H.W. (2006). Neoplasia. In: Patologia Sistémica dos Peixes, ed. Ferguson, H.W. 2nd ed., pp. 313-335. Scotian Press, Londres, Reino Unido.

Martineau, D.P., Bowser, P.R., Wooster, G.A. e Armstrong, L.D. (1990). Experimental Transmission of a Dermal Sarcoma in Fingerling Walleyes (Stizostedion vitreum vitreum). Vet. Pathol, 27: 230-234.

Masahito, P.I.T., Okamoto, N. e Sugano, H. (1982). Nefroblastomas na enguia japonesa, *Anguilla japonica* Temminck e Schlegel. Cancer Research, 52: 2575- 2579.

Matsusato, T., (1986). Estudos sobre a anomalia esquelética dos peixes. Boletim. Instituto Nacional de Investigação em Aquacultura, 10: 57-179.

Mawdesley-Thomas, L. E. (1975). Neoplasia em peixes. Em W. E. Ribelin e G. Migaki (Eds), The Pathology of Fishes. University of Wisconsin Press, Mad~son, Wisconsin. pp. 805-870.

Mawdesley-Thomas, L.E. (1972). Alguns tumores de peixes. In: Diseases of Fish (L.E. Mawdesley-Thomas, Ed.) pp.380, Academic Press, Londres. Simpósio da Zoological Society of London, 30: 191-283.

May, E.B., Lukacovic, R., King, H. e Lipsky, M. (1987). Alterações hiperplásicas e neoplásicas nos fígados de perca branca (*Morone americana*) da Baía de Chesapeake. Journal of the National Cancer Institute, 79: 137-143.

McArn, G. E. e Wellings, S. R. (1971). A comparison of skin tumours i n three species of flounders. Fish. Res. Bd. Can. J., 28: 12411251.

McArn, G. E., Chuinard, R. G., Miller, B. S., Brooks, R. E. e Wellings, S. R. (1968). Pathology of skin tumours found on English sole and stany flounder from Puget Sound, Washington. J. natn. Cancer Inst., 41: 229-242.

McCain, B.B., Pierce, K.V., Wellings, S.R. e Miller, B.S. (1977). Hepatomas em peixes marinhos de um estuário urbano. Boletim de Contaminação Ambiental e Toxicologia, 18: 1-2.

McFarland, J. (1901). Epitelioma da boca e da pele de um peixe-gato. Actas da Sociedade de Patologia de Filadélfia, 4: 79-81.

Metcalfe, C.D. (1989). Tests for Predicting Carcinogenicity in Fish (Testes para prever a carcinogenicidade em peixes). CRC Crit. Rev. Aquat. Sci., 1: 111-129.

Metcalfe, C.D., Balch, G.C., Cairns, V.W., Fitzsimmons, J.D. e Dunn, B.P. (1990). Carcinogenic and genotoxic activity of extracts from contaminated sediments in western Lake Ontario. Sci. Total Environ., 94: 125-142

Metcalfe, C.D., Cairns, V.W. e Fitzsimmons, J.D. (1988). Experimental Induction of Liver Tumours in Rainbow Trout (*Salmo gairdneri*) by Contaminated Sediment from Hamilton Harbor, Ontario. Can. J. Fish Aquat. Sci., 45: 2161-2167.

Metcalfe, C.D., Nanni, M.E. e Scully, N.M. (1995). Testes de carcinogenicidade e mutagenicidade de extractos de efluentes de fábricas kraft branqueadas. Chemosphere, 30: 1085-1095.

Mikaelian, I., de Lafontaine, Y., Gagnon, P., Menard, C., Richard, Y., Dumont, P., Pellestier, L., Mailhot, Y. e Martineau, D. (2000). Prevalência de neopolasmos labiais do otário branco (*Catostomus commersoni*) na bacia do rio São Lourenço. Can. J. Fish. Aquat. Sci., 57(S1): 174-181.

Mikaelian, I., de Lafontaine, Y., Menard, C., Tellier, P., Harshbarger, J.C. e Martineau, D. (1998). Neoplastic and nonneoplastic hepatic changes in lake whitefish (*Coregonus clupeaformis*) from the St. Lawrence River, Quebec, Canada. Environmental Health Perspectives, 106: 179-183.

Milbrink, G. (1975). Biologia populacional do cestode *Caryophyllaeus laticeps* (Pallas) na dourada, *Abramis brama* (L.) e alimentação dos peixes em oligochaetes. Rep. Inst. Fresh w. Res. Drottninigholm, 54: 36 - 51.

Miller, B.S. e Wellings, S. R. (1971). Epizootiology of tumours on flathead sole *(HippogZossoides eZassodon)* in East Sound, Orcas Island, Washington. Trans. Amer. Fish. Soc., 100(2):247-266.

Mix, M.C. (1986). Cancerous diseases in aquatic animals and their association with environmental pollutants: a critical review of the literature. Relatório final para o American Petroleum Institute. Universidade do Estado do Oregon. Corvallis, Oregon. 247 pp.

Morrison, C.M. e MacDonald, C.A. (1995). Tumores epidérmicos em salmão arco-íris e salmão do Atlântico da Nova Escócia. J. Aquat. Anim. Health, 7: 241-250.

Morrison, C.M., Harshbarger, J.C. e McGladdery, S.E. (1993). Schwannomas in rainbow smelt. J. Aquat. Anim. Health, 5: 317323.

Moses, S.A., Janaki, L., Joseph, S., Justus, J. e Vimala, S.R. (2011). Influência da morfologia do lago na qualidade da água. Environ. Monit. Assess., 182: 443-445.

Moyle, P.B., Joseph, J. e Cech, Jr. (2000). Fishes An Introduction To Ichthyology. 4ª Ed. Pretice Hall, Inc., EUA. U.S.A., pp. 1-5.

Mueller, M.E. e Mac, M.J. (1994). Tumores e anomalias em peixes. Programa de Avaliação e Remediação de Sedimentos Contaminados (ARCS): documento de orientação para a avaliação. Agência de Proteção Ambiental dos EUA, Chicago, IL

Mulcahy, M.F. (1963). Lymphosarcoma in the pike, *Esox lucius* L., (Pisces; Esocidae) in Ireland. Actas da Academia Real Irlandesa, Secção B: Ciências Biológicas, Geológicas e Químicas, 63: 103-129, Placas V e VI

Mulcahy, M.F. e O'Leary, A. (1970). Cell Free Transmission of lymphosarcoma in Northern Pike *Esox lucius*, (Pisces Esocidae). Experientia, 26: 891.

Murchelano, R.A. e Wolke, R.E. (1985). Carcinoma epizoótico na solha de inverno, *Pseudopleuronectes americanus*. Science, 228: 587-589.

Myers, B.J. (1970). Nemátodos transmitidos ao homem por peixes e mamíferos aquáticos. J. Wildl. Dis., 6: 266-271.

Myers, M. S., Stehr, C.M., Olson, O.P., Johnson, L.L., McCain, B.B., Chan, S.L. e Varanasi, U. (1994). Relações entre lesões hepáticas toxicopáticas e exposição a contaminantes químicos em linguado inglês *(Pleuronectes vetulus*), solha-das-pedras (*Platichthys stellatus*) e corvina branca (*Genyonemus lineatus*) de locais marinhos selecionados na costa do Pacífico, EUA. Environ. Health Perspect, 102: 200-215.

Myers, M.S., Landahl, J.T., Krahn, M.M., Johnson, L.L. e McCain, B.B. (1990).

Overview of studies on liver carcinogens in English sole from Puget Sound; evidence for a xenobiotic chemical etiology I: Pathology and epizootiology. Sci. Total Environ., 94: 33-50.

Myers, M.S., Rhodes, L.D. e McCain, B.B. (1987). Pathologic anatomy and patterns of occurrence of hepatic neoplasms, putative preneoplastic lesions, and other idiopathic hepatic conditions in English sole (*Parophrys vetulus*) from Puget Sound, Washington. J. Natl. Cancer Inst., 78: 333-363.

Nicoll, W. 1915. Os parasitas trematódeos do Norte de Queensland: Parasite of fishes. Parasit., 8(1): 22-41.

Nigrelli, R.F. e Gordon, M. (1946). Neoplasias espontâneas em peixes. 1. Osteocondroma no peixe-joia, *Hemichromis bimaculata*. Zoologica N.Y., 31: 89-92.

Nigrelli, R.F. e Jakowska, S.J. (1953). Neoplasias espontâneas em peixes. VII. Um espermocitoma e um melanoma renal num peixe pulmonar africano *Protopterus annectens* (Owen). Zoologica N.Y., 38: 109112.

Nigrelli, R.F., Ketchen, K. S. e Ruggieri. G. D. (1965). Estudos sobre doenças virais dos peixes. Epizootiology of epithelial tumours in the skin of flat fishes of the Pacific coast, with special reference to the sand sole *(Psettichthys melanostictus)* from Northern Hecate Strait, British Columbia, Canada. Zoologica, 50:115-122.

Ohlmacher, A.P. (1898). Vários exemplos que ilustram a patologia comparativa dos tumores. Boletim do Hospital de Ohio para Epilépticos, 1: 223-239.

Padep, (1992). Presque Isle Bay Brown Bullhead Tumour study. Realizado de 29 de março de 1992 a 7 de outubro de 1993. Preparado por E.C obert, Departamento de Proteção Ambiental da Pensilvânia.

Padep, (1995). A study of Tumours in Fish of Presque isle Bay (Estudo de Tumores em Peixes da Baía de Presque isle). Preparado por E. C. Obert, Departamento de Proteção Ambiental da Pensilvânia.

Padep, (1997). The 1997 Presque isle Bullhead Tumour Study. Preparado por E. C. Obert, Departamento de Proteção Ambiental da Pensilvânia.

Plano Nacional de Ação Ambiental do Paquistão. Estratégia Nacional de Conservação do Paquistão, Volume 1. 1991.

Papas, T.S., Dalberg, J.E. e Sonstegard, R.A. (1976). Vírus do tipo C no linfossarcoma do lúcio do norte (*Esox lucius*). Nature, 261: 506508.

Papas, T.S., Pry, T.W., Schafer, M.P. e Sonstegard, R.A. (1977). Presença de DNA Polimerase em Linfossarcoma em Lúcio do Norte (*Esox lucius*). Cancer R., 37: 3214-3217.

Paperna, I. (1964a). A fauna de parasitas metazoários dos peixes de águas interiores de Israel. Bamidgeh (Bull. Fish Cult. Israel), 16: 3- 66.

Paperna, I. (1964b). Parasitic helminths of inland-water fishes in Israel. Israel. Israel J. Zool., 13: 1-20

Paperna, I. (1975). Epitelioma cutâneo no peixe-gato elétrico *Malapterurus electricus* de L. Albert, África Oriental. Copeia, 1975 (2): 374-378.

Paperna, I. (1996). Parasitas, infecções e doenças de peixes em África - uma atualização. CIFA Technical Paper No. 31, Roma, FAO, Pages: 220.

Paperna, I. e Overstorn, J. P. (1968). Relatório sobre infecções ectoparasitárias de peixes de água doce em África. Bull of Int. Epizoot., 69: 1192-1206.

Paperna, I. e Thurston, J.P. (1968). Relatório sobre infecções ectoparasitárias de peixes de água doce em África. Bull. of. Int. Epizoot., 69: 1192-1206.

Peters, N. e Watermann, B. (1979). Três tipos de papilomas cutâneos de peixes chatos e suas causas. Mar. Ecol. Prog. Ser., 1: 269-276.

Peters, N., Peters, G., Stich, H. F., Acton, A. B. e Bresching, G. (1978). On differences in skin tumours of Pacific and Atlantic flatfish. J. Fish Diseases, 1: 3-25.

Petrushevski, G.K. e Kogteva, E.P. (1954). Effect pf parasitic diseases on condition of fish. Zool. Zhurn., 33: 395 - 405.

Pinkney, A.E. e Harshbarger, J.C. (2005). Tumor prevalence in brown bullheads (*Ameiurus nebulosus*) from the South River, Anne Arundel County, Maryland. Annapolis, MD: U.S. Fish and Wildlife Service.

Pinkney, A.E., Harshbarger, J.C. e Rutter, M. A. (2009). Tumores em cabeças de touro castanhas na bacia hidrográfica da Baía de Chesaeake: análise de dados de inquéritos de 1992 a 2006. J. Aquat. Anim. Health, 21: 71-81.

Pinkney, A.E., Harshbarger, J.C., May, E.B. e Melancon, M.J. (2001). Prevalência de tumores e biomarcadores de exposição em cabeças de touro castanhas (*Ameiurus nebulosus*) da bacia hidrográfica do rio Potomac, EUA. Environ. Toxicol. Chem., 20: 1196-1205.

Pinkney, A.E., Harshbarger, J.C., May, E.B. e Melancon, M.J. (2004). Prevalência de tumores e biomarcadores de exposição em bullheads castanhos (*Ameiurus nebulosus*) de Back River, Furnace Creek, e Tuckahoe River, Marie Land, Environ. Toxicol. Chem., 46: 492-501.

Deplora-se a poluição das águas da zona costeira. Karachi Dawn, 6 de junho de 1992.

Poulet, F.M., Casey, J.W. e Spitsbergen, J.M. (1993). Estudos sobre a transmissibilidade e a etiologia do tumor orocutâneo de cabeça de touro castanho (*Ictalurus nebulosus*) Dis. Aquar., 18: 97 - 104.

Poulet, F.M., Wolfe, M.J. e Spitsbergen, J.M. (1994). Papilomas e carcinomas orocutâneos de ocorrência natural em cabeças de touro castanhas (*Ictalurus nebulosus*) no Estado de Nova Iorque. Vet. Pathol., 31: 8-18.

Premdas, P.D. e Metcalfe, C.D. (1994). Regressão, proliferação e desenvolvimento de papilomas labiais em otários brancos selvagens, *Catostomus commersoni*. Env. Biol. Fishes, 40: 263-269.

Premdas, P.D., Metcalfe, T.L., Bailey, M.E. e Metcalfe, C.D. (1995). A prevalência e o aspeto histológico dos papilomas labiais em otários brancos (Catostomus commersoni) de dois locais no centro de Ontário, Canadá. J. Great Lakes Research ,21: 207-218.

Prince M.T., Ishikawa, T. e Takayama, S. (1984). Seminoma espermatocítico espontâneo em peixe-pulmão africano, *Protopterus aethiopicus* Heckel. J. Fish Dis., 7: 169-172.

Pyron, M., Obert, E.C. e Wellington, R. (2001). Taxas de tumores e estimativas da população de Bullhead castanho (*Ameiurus nebulosus*) na Baía de Presque Isle, Lago Erie. J. Great Lakes Res., 27(2): 185-190.

Qasim, S. e Ayub, Z. (2012). Prevalência e Intensidade de Parasitas em Peixes Comestíveis Desembarcados no Porto de Peixe de Karachi. Pakistan J. Zool., 44(6): 1467-1471.

Ravindranathan, R.K. (2003). Economic Zoology publishers and distributors. New Dehli: 415 pp.

Reimchen, T. E. (1982). Incidência e intensidade da infeção por *Cyathocephalus truncatus* e *Schistocephalus solidus* em *Gasterosteus aculeatus*. Can. J. Zool, 60: 1091-1095.

Ricker, W. E. (1975). Computation and Interpretation of Biological Statistics of Fish Populations, Bulletin 191 of the Fisheries Research Board of Canada Department of the Environment Fisheries and Marine Service. Ottawa, Canadá.

Rizwana, A.G. (2007). Variação sazonal e histopatologia de helmintos parasitas no peixe *Lutjanus argentimaculatus* (Forsk, 1775) pargo vermelho. Tese de doutoramento. Universidade de Karachi, Karachi, Paquistão.

Rizwana, A.G., Khatoon, N., Bilqees, F.M. e Shaikh, G.S. (1999). Intensidade da infeção helmíntica com especial referência aos nemátodos no peixe *Lutjanus argentimaculatus* (Forsk, 1775) da costa de Karachi. Proc. Prasitol, 28: 41-60.

Robert, R.J. (1978). Fish pathology. Balliere Tindall London.

Roberts, R.J. e Bullock, A.M. (1979). Papilomatose na truta arco-íris de cultura marinha, Salmo gairdneri. J. Fish Dis., 2: 75-77.

Rowson, K. E. K. (1975). O papel dos vírus no cancro. Em E. J. Ambrose e F. J. C Roe (Eds), Biology of Cancer. E. Horwood, Chichester. pp. 217-251.

Ruitenberg, E.J., Van Knapen, F. e Weiss, J.W. (1979). Infecções parasitárias de origem alimentar - uma revisão. Vet. Parasit., 5: 1 -10.

Sano, N., Moriwake, M. e Sano, T. (1993). *Herpesvírus cyprini*: Efeitos térmicos na patogenicidade e oncogenicidade. Fish Pathology, 28: 171-175.

Santos, M. L. e Eiras, J. C. (1995). Estudo marinho sobre a parasitagem de *Lipophyrs pholis* (Pisces: Blenniidae) por *Helicometra fasciata* (Digenea: Opecoelidae) e *Lecithochirium furcolabatum* (Digenea: Hemiuridae) em Portugal. Aquacultura, 132: 175-181.

Scharrer, B.V. e Lochhead, M.S. (1950). Tumores nos invertebrados: uma revisão. Cancer Research ,10: 403-419.

Schell, S.C. (1970). How to know the trematodes. W.M.C. Brown Company Publishers, Iowa, EUA.

Schlumberger, H.G. (1950). Rim policístico (mesonefros) no peixe dourado. Archives of Pathology, 50: 400-410.

Schlumberger, H.G. (1952). Nerve sheath tumours in an isolated goldfish population (Tumores da bainha nervosa numa população isolada de peixes dourados). Cancer Research, 12: 890-899.

Schlumberger, H.G. (1957). Tumores caraterísticos de certas espécies animais. A review. Cancer Research, 17: 823-832.

Schlumberger, H.G. e Katz, M. (1956). Tumores odontogénicos do salmão. Cancer Research, 16: 369-370.

Schlumberger, H.G. e Lucke, B. (1948). Tumores de peixes, anfíbios e répteis. Cancer Research, 8: 657-753.

Schmale, M.C. (1991). Prevalência e padrões de distribuição de tumores em peixes-donzela bicolores (*Pomacentrus partitus*) nos recifes do sul da Flórida. Mar. Biol., 109: 203- 212.

Schmale, M.C. (1995). Indução experimental de neurofibromatose em donzela bicolor. Dis. Aquat. Org., 23: 201-212.

Schmale, M.C., Gibbs, P.D.L. e Campbell, C.E. (2002). Um agente semelhante a um vírus associado à neurofibromatose em donzelas. Diseases of Aquatic Organisms, 49: 107-115.

Schmale, M.C., Hensley, G.T. and Udey, L.R. (1986), Neurofibromatosis in the bicolor damselfish (*Poacemtrus partitus*) as a model for von Recklinghausen neurofibromatosis. Anais da Academia de Ciências de Nova Iorque, 486: 386-402.

Schultz, R.J. e Schultz, M.E. (1984). Caraterísticas de uma colónia de peixes de *Poeciliopsis* e sua utilização em estudos de carcinogenicidade com 7, 12-dimetilbenz(a)-antraceno e dietilnitrosamina. Monografia do Instituto Nacional do Cancro, 65: 5-13.

Schwab, M., Haas, J., Abdo, S., Ahuja, M., Kollinger, G., Anders, A. e Anders, F.

(1978). Base genética da suscetibilidade para o desenvolvimento de neoplasias após tratamento com n-metiln-nitroureia (mnv) ou raios X no sistema peixe-platina/rabo-de-espada. Experientia, 34: 780782.

Shaikh, G.S., Shaikh, R., Shaikh, A.H., Abbasi, A.R. (2002). *Sterrhurus tetradontus* n.sp. (Trematoda: Hemiuridae: Sterrhurinae) do peixe *Tetradon lunaris* (BL. SCHIN) da costa de Karachi. Proc. Parasit., 35: 81-86.

Shaukat, N. (2008). Estudos sobre trematódeos digenéticos de alguns peixes da costa de Karachi. Tese de doutoramento, Universidade Jinnah para Mulheres, Carachi. pp. 69-148.

Shaukat, N. e Bilqees, F. M. (2005). Checklist of digenetic trematodes of marine fishes of Pakistan (Lista de verificação de trematódeos digenéticos de peixes marinhos do Paquistão). Proc. Parasitol, 40: 95-118.

Shaukat, N. e Bilqees, F.M. (2006). *Pleorchis heterorchis* n. sp. (Digenea: Acanthocolpidae Lühe, 1909) dos peixes *Lutjunus johnii* e *Otolithus argenteus* da costa de Karachi, Paquistão. (Resumo). Bangladesh Journal of Fisheries Research.

Shaukat, N. e Bilqees, F.M. (2010). *Lecithocladium karachiensis* n.sp.(Digenea: Hemiuridae Luhe, 1901) do peixe *Parastromateus niger* da costa de Karachi. Actas de Parasitologia, 50: 97-105.

Shaukat, N. e Bilqees, F.M. (2011a). *Lecithocladium cybii* n. sp. (Digenea: Hemiuridae Luhe, 1901) do peixe *Cybium guttatum* da costa de Karachi. Jornal Internacional de Biologia e Biotecnologia, 8: 5-10.

Shaukat, N. e Bilqees, F.M. (2012). Nova espécie de *Decemtestis Johnii* (Trematoda: Opecoeliidae Ozaki, 1925) do peixe *Lutjanus Johnii* da costa de Karachi. Pakistan Journal of Zoology, 44(4): 141 - 1044.

Shella, A., Letha, M.J. e Joseph, S. (2011). Necessidade de planeamento sustentável com referência ao uso do solo e à qualidade da água. Actas do Congresso Tecnológico Nacional, 28-29 de janeiro de 2011, Faculdade de Engenharia de Kerala, Trivandrum.

Sinnhuber, R.O. (1967). Aflatoxina na farinha de sementes de algodão e cancro do fígado na truta arco-íris. *Em Trout* hepatoma research conference papers. Res. Rep. No. 70. Editado por J.E. Halver e I.A. Mitchell. Bureau of Sport Fisheries and Wildlife.

Washington, D.C. pp. 48-55.

Smith, A.C. (2000). Patologia comparada. Arch. Pathol. Lab. Med., 124:348-352.

Smith, C.E., Peck, T.H., Klauda, R.J. e McLaren, J.B. (1979). Hepatomas em tomcod do Atlântico *Microgadus tomcod* (Walbaum) recolhidos no estuário do rio Hudson em Nova Iorque. Journal of Fish Diseases 2: 313-319.

Smith, I.R., Baker, K.W., Hayes, M.A. e Ferguson, H.W. (1989b). Ultra-estrutura de células malfígias e inflamatórias no papiloma epidérmico de otários brancos, Catostomus commersoni. Dis. Aquatic Org., 6: 17-26.

Smith, I.R., Ferguson, H.W. e Hayes, M.A. (1989). Histopatologia e prevalência de papilomas epidérmicos na população de cabeça de touro castanha, *Ictalurus nebulosus* (Lesueur), e de otário branco, *Catostomus commersoni* (Lacépède), do Ontário. Canadá. J. Fish Dis., 12: 373-388.

Smith, I.R., Ferguson, H.W. e Hayes, M.A. (1989a). Histopatologia e Prevalência de Papilomas Epidérmicos Epidémicos em Cabeça de Touro Castanha, Ictalurus nebulosus (Lesueur), e Chupador Branco, Catostomus commersoni. Dis Aquatic Org., 6: 17-26.

Smith, I.R., Johnson, A.F., MacLennan, D. e Manson, H. (1992). Contaminantes químicos, linfocistos e sarcoma dérmico em walleyes que desovam no rio Tamisa, Ontário. Trans. Amer. Fish. Soc., 121: 608-616.

Smith, J.W. (1972). The blood flukes (Digenea; Sanguinicolidae and Spirorchidae) of cold-blooded vertebratates and some comparison with Schistosomes. Helm. Abst. Ser. A., 41: 161-204.

Smith, S.B., Bouin, M.A. e Mac, M.J. (1994). Comparações ecológicas de afluentes do Lago Erie com incidências elevadas de tumores em peixes. J. Great Lakes Res., 20: 701-716.

Smyth, J.D. (1996). Animal parasitology. Cambridge University Press, Cambridge.

Sonstegard, R.A. (1976). Estudos sobre a etiologia e a epizootiologia do linfossarcoma em Esox (*Esox lucius* L. e *Esoxmasquinongy*). Prog. Exp. Tumour. Res., 20: 141-155.

Sonstegard, R.A. (1977). Estudos de carcinogénese ambiental em peixes dos Grandes Lagos da América do Norte. Ann. N.Y. Acad. Sci., 298: 261-269.

Sonstegard, R.A. (1997). Estudos de carcinogénese ambiental em peixes dos Grandes Lagos da América do Norte. Ann. N.Y. Acad. Sci., 298: 261-269.

Sprent, J.F.A. (1969). Helminth 'zoonoses': uma análise. Helminth. Abstr., 38: 333 -351.

Srivastav, H.D. (1941). New allocreadiids (Trematoda) from Indian marine food fishes Part v. A new parasite of the genus *Lepocreadioides*. Yamaguti, 1936. Ibidem, 11(1): 52-54.

Srivastava, C.B. (1975). Estudos patológicos de peixes na Índia. Uma breve revisão Dr. B.S. Chauhan comm. vol. pp 349-358.

Srivastava, H.D. (1936). Novos hemiurídeos de peixes marinhos indianos.I. Um novo parasita da subfamília Prosorchiinae Yamaguti, 1934. Proc. Nat. Acad. Sci. India, 6(2): 175-178.

Srivastava, H.D. 1937. Parasitas da família Acanthocolpidae Luhe, 1909, de peixes marinhos indianos. Proc. 24. Ind. Sci. Cong., pp. 297-298.

Stanton, M.F. (1965). Degenerescência hepática induzida por dietilnitrosamina e neoplasia no peixe de aquário, *Brachydanio rerio*. Journal of the National Cancer Institute, 34: 117-130.

Steyermark, A.C., Spotila, J.R., Gillette, D. e Isseroff, H. (1999). Biomarcadores indicam problemas de saúde em cabeças de boi castanhas do rio Schuylkill industrializado, Filadélfia. Transactions of the American Fisheries Society 128: 328-338.

Stich, H. F., Acton, A. B., Oishi, K., Yamazah, F., Harada, T., Hibino, T. e Moser, H. G. (1977). Estudos colaborativos sistemáticos sobre neoplasias em animais marinhos relacionadas com o ambiente. A. M. N. Y. Acad. Sci., 298: 374-388.

Stolk, A. (1957a). Tumores de peixes. 13. Finromas múltiplos da pele no malapterurídeo *Malapterurus electricus*. Proc. K. Ned. Akad. Wet. (C. Biol. Med. Sci.), 60: 41-52.

Stolk, A. (1957b). Tumores de peixes. 17. Adenoma da glândula faríngea. Proc. K. Ned. Akad. Wet. (C. Biol. Med. Sci.), 60: 640649.

Takayama, S., Ishikawa, T., Masahito, P. e Matsumoto, J. (1981). Visão geral da caraterização biológica de tumores em peixes. In: Dawe CJ, Harshbarger JC, Kondo S,

Sugimura T, Takayama S(eds) Phyletic approaches to cancer Japan Scientific Societies Press, Tokyo, p 3-

Thatcher, V.E. e Varella, A.B. (1980). Patologia de peixes da Amazônia brasileira. Ata Amazonica, 10: 651-656.

Thiyagarajah, A. e Bender, M.E. (1988). Lesões no pâncreas e no fígado de um peixe-sapo ostra, *Opsalus tau* (L.), coletado no baixo rio York, Virgínia, EUA. J. Fish Dis., 11: 359-364.

Thiyagarajah, A., MacMillan, J.R. e Munson, A.D. (2001). Neoplasias em robalos de cultura. J. Fish Dis., 24: 551-556.

Thompson, J.S. e Kostiala, A.A.I. (1990). Caracterização histológica e ultra-estrutural do verdadeiro linfoma histiocítico no lúcio do norte, *Esox lucius* L. Cancer Research (Supplement), 50: 5668s-5670s.

Twomey, E. e Mulcahy, M.F. (1984). Um distúrbio proliferativo de possível origem hemática no berbigão comum, *Cerastoderma edule*. Journal of Invertebrate Pathology, 44: 109-111.

Ukoli. F.M.A. (1969). Relatório preliminar sobre a infeção helmíntica de peixes no rio Níger em Shagnum. Em L.E. Obeng (ed). Man-made lakes; the accra symposium . Accra, Gana, University Press for Ghana academey of Science. pp. 269-283.

Relatório da ONU chama à nação o paraíso dos poluidores. Karachi Dawn, 4 de junho de 1992.

Valenciennes, A. em Cuvier, G.L. e Valenciennes, A. 1833. Historie Naturelle des posisons. Paris: Levrault vol. 9512pp. pls 246- 279.

Van As, J.G. e Basson, L. (1984). Check list de parasitas de peixes de água doce da África Austral. S. Afr. J.Wildl., 14: 49-61.

Van den Broek, E. e de Jong, N. (1979). Estudos sobre o ciclo de vida de *Asymphilodra tincae* (Modeer, 1790) (Trematoda, Monorchidae) num pequeno lago perto de Amesterdão. Parte 1. A morfologia de vários estádios. J. Helminth, 53: 79-89.

Vicha, D.L. e Schmale, M.C. (1994). Morfologia e distribuição de granulócitos eoslnofílicos na neuroflbromatose de donzela, um modelo de distribuição de mastócitos na neurofibromatose tipo 1. Anticancer Res., 14: 947.

Vielkind, J.R. e Dippel, E. (1984). Sequências relacionadas com o oncogene no peixe xiphophorin propenso à formação de melanoma hereditário. Can. J. Genet. Cytol., 26: 607-614.

Vogelbein, W.K., Fournie, J.W., Van Veld, P.A. e Huggett, R.J. (1990). Hepatic neoplasms in the mummichog *Fundulus heteroclitus* from a creosote-contaminated site. Can. J. Res., 50: 5978-5986.

Wellings, S. R., Alpers, Ch. E., McCain, B. B. e Myers, M. S. (1977). Doenças dos peixes no Mar de Bering. A. M. N. Y. Acad. Sci., 298: 290304.

Wellings, S. R., Chuinard, R. G., Gouiley, R. T. e Cooper, R. A. (1964). Epidermal papillomas in flathead sole, *Hippoglossoides elassodon*, with notes on the occurrence of similar neoplasms in other pleuronectids. J. natn. Cancer Inst., 33: 991-1004.

White, M.R. (2004). Neoplasia Neuroectodérmica Primitiva no Salmão Coho, *Oncorhynchus kisutch.* Vet. Pathol, 41: 72-74.

Wildgoose, W.H. (1992). Papiloma e carcinoma de células escamosas na carpa koi (*Cyprinus carpio*). Vet. Rec., 130: 153-157.

Wildgoose, W.H. e Bucke, D. (1995). Branchioblastoma espontâneo numa carpa koi (*Cyprinus carpio*). Vet. Rec., 136: 418-419.

Willlams, G. (1931). Sobre vários tumores de peixes. Proc. Trans. Liverpool boil. Soc., 45: 98-109.

Williams, H.H. e Jones, A. (1976). Marine helminths and Human Health. Commonwealth Agricultural Bureaux, Farnham Royal. Bcuks. pp. 1 -47.

Williams, M.O. (1967). O estágio Neascus (Postdipostomulum) de Posdiplostomum nanum Dubois e uma determinação experimental do ciclo de vida. J. Helminth, 41: 269 - 276.

Willlams. M. O. e Chaytor, D. E.B. (1966). Alguns helmintos parasitas de peixes de água doce da Península de Freetown, Serra Leoa. Bull. Inst. Fr. Afr. noir, Ser. A, 28: 563- 575.

Witenberg, G. (1932). O peixe como fonte de doenças causadas por vermes no homem.

Harefuah, 6: 127 - 139.

Wolf, H. e Andjackson, E. W. (1963.) Hepatomas na truta arco-íris: Descriptive And Experimental Epidemiology. Science, 142: 66678.

Wood, E. M. e Larson, C. P. (1961). Carcinoma hepático em truta de arco-íris. Arch. Pathol, 71: 471-79.

Banco Mundial. Modernização do Porto de Karachi. Relatório de avaliação do pessoal #LN 3335-PAK. 13 de maio de 1991. Pg. 26-27.

Yamaguti, S. (1934). Estudos sobre a fauna helmintológica do Japão. Parte II. Trematódeos de peixes, I. Japão. J. Zool., 5(3): 249-541.

Yamaguti, S. (1938). Estudos sobre a helmintofauna do Japão. Parte 21. Trematódeos de peixes, IV. Publicado pelo autor, pp. 239.

Yamaguti, S. (1938). Estudos sobre a helmintofauna do Japão. Parte 24. Trematódeos de peixes, V. Japão. J. Zool., 8(1): 15-74.

Yamaguti, S. (1952). Vermes parasitas principalmente das Celebes. Parte I. Novos trematódeos digenéticos de peixes. Ata Med. Okayama, 8(2): 146-198.

Yamamoto, T., Kelly, R.K. e Neilsen, O. (1985). Hiperplasia epidérmica de Walleye, Stizostedion vitreum (Mitchell), associada a partículas de tipo C semelhantes a retrovírus: Prevalência,

Histologic and Microscopic Observations. J. Fish Dis., 19: 425436.

Young, P. H. (1964). Alguns efeitos dos efluentes de esgotos na vida marinha. Calif. Fish Game, 50(1): 33-41.

Zaidi, D.A. e Khan, D. (1977). Trematódeos digenéticos de peixes do Paquistão. Boletim. Dept. Zool. Univ. Punj

MIX
Papier aus verantwortungsvollen Quellen
Paper from responsible sources
FSC® C105338

Printed by Books on Demand GmbH, Norderstedt / Germany